普通高等教育
艺术类"十二五"规划教材

书籍设计

book design

李昱靓／编著

人民邮电出版社

北京

图书在版编目（CIP）数据

书籍设计 / 李昱靓编著. -- 北京：人民邮电出版
社，2015.12
　普通高等教育艺术类"十二五"规划教材
　ISBN 978-7-115-40635-4

　Ⅰ．①书… Ⅱ．①李… Ⅲ．①书籍装帧－设计－高等
学校－教材 Ⅳ．①TS881

中国版本图书馆CIP数据核字(2015)第240850号

内 容 提 要

　　本书对于高校广大高校学生和业余爱好者来说是一本介绍书籍设计知识较全面的教材，《书籍设计》从书籍设计概述出发，较全面地概述了书籍设计理念、书籍的视觉传达设计、书籍手工装订方法等知识，并结合大量翔实的实例，将纸张立体结构设计、书籍手工装订工艺以及书籍的视觉表现进行了总结、归纳和分类，具有较强的实用性和参考价值。在编写过程中，参阅并汲取了国内外知名书籍艺术家和设计师的设计理念和经典作品，展现在不同文化背景下的设计风格，并提供部分学生作品供学习和参考。通过本教材的学习，不仅能丰富学生的知识结构，更能扩大视野，培养较高的设计审美素质。

◆ 编　　著　李昱靓
　　责任编辑　刘　博
　　责任印制　沈　蓉　彭志环

◆ 人民邮电出版社出版发行　　北京市丰台区成寿寺路11号
　　邮编　100164　电子邮件　315@ptpress.com.cn
　　网址　http://www.ptpress.com.cn
　　北京鑫丰华彩印有限公司印刷

◆ 开本：787×1092　1/16
　　印张：11　　　　　　　　　　2015年12月第1版
　　字数：286千字　　　　　　　2015年12月北京第1次印刷

定价：49.00元
读者服务热线：(010)81055256　印装质量热线：(010)81055316
反盗版热线：(010)81055315

前言 | FOREWORD

本书是一本较全面的介绍书籍设计知识的教材，全书从书籍设计概述出发，讲解了书籍设计编辑设计理念、书籍的视觉传达设计、书籍手工装订方法等方面的知识，并结合大量翔实的实例，将纸张立体结构设计、书籍手工装订工艺以及书籍的视觉表现进行了总结、归纳和分类，具有较强的实用性和参考价值。本书在编写过程中，参阅并吸收了国内外知名书籍设计艺术家和设计师的设计理念和经典作品，展现了不同文化背景下的设计风格，并提供部分学生作品供学习和参考。通过本教材的学习，读者不仅能丰富自己的知识结构，更能扩大视野，提高设计审美素质。

本书的特色如下。

1．切实按照课程教学大纲制定的知识体系的内在逻辑性，构筑教材的内容体系。按基础、技能、应用三个层次，能满足教学组织的灵活性和多样性的需要。

2．教材中引入书籍设计领域新理念、新方法，将最新国内外设计作品融入课程内容，注重理论与实践相结合，从学科整体高度把握书籍设计的教学实践和应用。书中配有大量专业案例、并增加了教学实践的成果展示，提高了教材的专业针对性与拓展性。

3．注重实践环节的内容设计。书中实习项目基于能力培养的学习情景设计，以主题、实践操作步骤等为载体，突出专业性、实用性、应用性及创新性，尽可能地与专业相融合。课程教学服务于专业学习的需要，注重培养学生的职业技能。书中各章节附思考题，有助于读者进行拓展学习研究。

本书对大部分图片做了尽可能详细的注释，个别图片因资料不全无法注明，在此向有关作者表示歉意。由于编写时间仓促，笔者才疏学浅，所思所感难免局限，书中会有疏漏、不妥之处，诚待专家及广大读者不吝指正！

采用本书授课的教师，可发邮件至 Liubo@ptpress.com.cn 或 31904176@qq.com 索取配套教学资料。

CONTENTS 目录

第一章　书籍设计概述

1

1.1
书籍设计的基本概念

　　书籍是人们在生活和生产实践中为了实际的需要而创造出来的，是一种文化现象，代表人类物质生活水平和文化水平。因为它记载着事件、思想、经验、理论、技能、知识等丰富内容，所以，它一产生就具备两种属性：一是精神属性，二是物质属性。所谓精神属性是指书籍的内容是随着时代的发展而变化的，它反映着不同时期的思想意识、政治倾向、经济状况、文化风尚以及科学技术发展状况，等等；所谓物质属性包括文字、文字载体、载体材料、材料形状和装帧形式等。它反映一定社会、一定时期的生活状况和意识形态，是随着时代的发展而发展的。文字是书籍构成的基本条件，在任何情况下，没有文字都不可能产生书籍。文字不但承担着意识形态的构成任务，也影响着书籍物质形态的内外状况。文字的载体是指书籍的制作材料，它影响着书籍的制作方法，从刀刻、笔写、雕印、泥活字排印、木活字排印、金属活字排印，直到后来普及的铅活字排印书籍，中间经历了一个漫长而曲折的发展过程。可见书籍的制作材料不同，就有不同的制作方法，从而进一步影响书籍的外部形态。这些物质要素，协调有机地组合起来，便构成了书籍的物质形态[1]。（注1：李致忠.简明中国古代书籍史 p4）

　　"书籍"在古代亦称"典籍""载籍"。"籍"有借用竹简以文字记录政事，带有登录、记载的意思。《后汉书》记载，东汉时马融于永初四年（公元 110 年）当上了校书郎后写了一篇《广成颂》。在这篇颂文的小序里，他谦称蝼蚁，不胜区区，职在"书籍"，这大概是关于"书籍"一词最早的较为明确的记载。

　　关于"书籍"的概念有诸多解释。1964 年，联合国教科文组织将书籍定义为"页数在四十九页以上的非定期印发的出版物"。1979 年版的《辞海》则解释书籍为"装订成册的著作物"。法国著名学者弗雷德里克·巴比耶在《书籍的历史》一书中将书籍定义为"包括一切不考虑其载体、重要性、周期性的印刷品，以及所有承载手稿文字并有待于传播的事物"。实际上，在新观念、新技术、新材料、新工艺相互渗透的时代，书籍承载的信息、书籍的载体材料，甚至书籍本身的形态不断地发展变化的今天，我们可以把书籍的概念界定为：以承载信息、传播信息为目的，以文字、图形或其他符号在一定材料上记录知识、表达思想、抒发感情并集结成册的著作物。作为一种信息载体，书籍跨越了时间、空间和地域，甚至种族和文化，其传播的广度和深度是不言而喻的。从书籍的最初萌芽到今天的电子书的出现，书籍伴随历史的变迁形成自身的发展历史，这意味着书籍的概念也会随着时代的不断演变而发生不断的变化，因此，"书籍"是一个发展的概念。

　　书籍装帧艺术随着书籍的诞生而产生。～"装帧"一词来源于日本，最早出现于1928 年丰子恺等人为上海《新女性》杂志撰写的文章中，并沿用至今。"装"有装裱、装订、装潢之意，"帧"为画幅的量词；"装帧"一词的本意就是将多幅单页装订起来，并进行装饰。

　　书籍装帧设计是指包含了书籍所需的材料和工艺的总和，一般包括选择纸张、封面材料，确定开本、装订方法和印刷、制作方法等，是书籍生产过程中的装潢设计工作。20 世纪 70 年代末中国的改革开放极大地推动了中国书籍装帧艺术的发展，频繁的国际国内书展大大促进了书籍设计观念的更新，并引发了书籍设计界对装帧艺术的反思和深层次的探索。因此，现代意义的"装帧"已经不仅仅是包括封面、书脊、封底、勒口、环衬等要素的整体设计，而是包含了更广泛的内涵，也就是我们今天所说的书籍设计。

书籍设计是指包括开本、字体、版面、插图、封面、护封以及纸张、印刷、装订和材料等综合性的艺术设计，是一门将商业行为与精神产品融为一体的综合性的造型艺术。

如今，设计界对于"装帧"的实质已经取得共识，"装帧"既非传统的、片面的封面装饰或装潢，也不是单一的技术性操作的装订，而是全方位地从内文到外表、从信息传递到形态塑造的一系列的设计活动，是把书籍的思想内涵与特征以装帧的形式创造出整体的视觉形象。无论是"书籍装帧设计"还是"装帧设计"，概念虽然有所不同，但它们都包括形成书籍的必要物质材料及全部创意、设计、制作活动，是从内到外、从形式到内容、从物质到精神等诸多方面塑造书籍的一系列艺术创造活动。

随着出版技术的发展和设计意识的导入，书籍装帧的概念已演变成为书籍设计，即从文学、图形、色彩等方面对书籍进行全方位的构思和打造，因而，文字、图形、色彩、材料构成书籍设计的四大要素。

日本著名书籍设计专家，被誉为日本设计界巨人的杉浦康平认为：一本好书，是内容和形式、艺术与功能的统一，是表里如一、形神兼备的信息载体。好书体现的是和谐、对比之美：和谐，为读者提供精神需求的空间；对比，则是创造视觉、听觉、嗅觉、触觉、味觉五感之阅读愉悦的舞台。这意味着书籍整体设计要求在有限的空间（封面、内页）里，把构成书籍的各种要素——文字、图形（图像）、色彩、材料等诸要素，根据特定内容的需要进行排列组合，对书籍的外表和内在进行全面统一的筹划，并在整体的艺术观念的指导下，对组成书籍的所有形象元素进行完整协调的统一设计。书籍整体设计涵盖：书籍的造型设计、封面设计、护封设计、环衬设计、扉页设计、插图设计、开本设计、版式设计以及相关的纸张材料的应用，印刷装订工艺的选用，最

终达到外表与内在，造型与神态的完美统一，其凝聚成的书籍的形式意味、视觉想象、文化意蕴、材料工艺等正是书籍艺术的魅力和价值所在（见图1-1）。

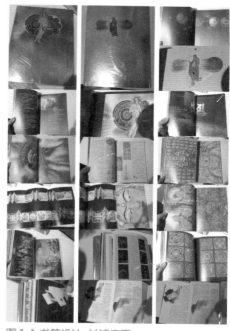

图 1-1 书籍设计 杉浦康平

杉浦康平是日本战后书籍设计的核心人物之一，是现代书籍实验的创始人，艺术设计领域的先行者，亚洲图像研究学者第一人。他以其独特的方法论将意识领域世界形象化，对新一代创作者影响甚大，被誉为日本设计界的巨人，是国际设计界公认的信息设计的建筑师。

书籍设计类型一般包括图书设计、画册设计、期刊杂志设计等。

1.1.1 图书设计

简而言之，是对图书的艺术设计。具体地讲，图书设计是出版专业术语，是指图书的结构与形态的设计，是图书出版过程中关于图书各部分如结构、形态、材料应用、印刷工艺、装订工艺等全部设计活动的总称（见图1-2）。

图 1-2 《传闻的真相》 设计：杉浦康平

1.1.2 画册设计

画册设计是从企业自身的性质、文化、理念、地域等方面出发，依据市场推广策略，合理安排印刷品画面元素的视觉关系，从而达到广而告之的目的（见图 1-3）。

图 1-3 中国外运画册　广州新视觉策略中心设计

1.1.3 期刊杂志设计

期刊杂志指有固定刊名，以期、卷、号或年、月为序，定期或不定期连续出版的印刷读物。它根据一定的编辑方针，将众多作者的作品汇集成册出版。定期出版的又称期刊。

期刊杂志设计中，版面设计、字体和细节尤为重要。设计中要把握以下几点。

①要体现期刊、杂志自身风格，在连续性变化中体现整体统一感。

②整体协调，有层次感，简约大气。标志、刊名、期号、条形码等不要太繁杂、花哨，以便于读者识别，增强记忆。

③所有设计元素（如图片、字体、字号、色彩等）围绕期刊的内容展开，要做到有明晰的视觉重点和层次感（见图 1-4）。

图 1-4 杂志设计 杉浦康平

1.2 书籍设计的功能

书籍设计的功能表现为实用功能、艺术审美功能和商业功能三方面。

1.2.1 实用功能

从书籍形态的发展变化过程来看，从简册装书到现代的电子书，这些都是随着社会的发展，为了适应需要、利于实用而产生的。因此书籍设计有易于载录、方便翻阅、利于传播和识别、便于保护和收藏的实用功能（见图1-5～图1-7）。

图1-5 《朱熹千字文》 设计：吕敬人

吕敬人，1947年生，上海人。书籍设计家，插图画家，视觉艺术家，AGI国际平面设计协会会员。师从神户艺术工科大学院杉浦康平教授。现为清华大学美术学院教授，中央美术学院客座教授，中国出版工作者协会书籍装帧艺术委员会副主任，全国书籍装帧艺术委员会副主任，中央各部门出版社装帧艺术委员会主任，中国美术家协会插图装帧艺术委员会委员。1996年起享受政府特殊津贴，曾被评为亚洲著名十大设计师之一、中国十大杰出设计师之一。他不仅在国内国际的展览、比赛上屡获金奖，而且还编、译、写过数本书籍装帧设计方面的著作。

图1-6 便携式书籍的外观设计

图1-7 生命之书

1.2.2 艺术审美功能

书籍设计作为视觉传达中的重要门类，是以书籍为媒介，通过艺术形式传达信息，表达情感。其艺术性集中体现在书籍整体形态所呈现的美感上。读者在翻阅过程中与书沟通并产生互动，从中领悟深邃的思考、生命的脉动、智慧的启示、幻想的诱发，体会情感的流露、视觉传达的规则、图像文字的美感，从而享受阅读带来的愉悦。

中国美学中倡导的"书卷气"理念，值得现代书籍设计师借鉴和发扬。

1. 书卷气

书卷气是中国美学的表现形式之一。"气"作为中国古典美学的范畴，则是概括艺术家审美风格与审美创造力的一个美学范畴。因为"气"是指包含着万物和宇宙的抽象物质，有包含"天"和"地"之意，是艺术之美的根源。对于书籍而言，指的就是"天头""地脚"的含义。

有研究者认为："书卷气"是以典雅为核心的具有丰富内涵的一种审美经验，"书"和"气"连在一起，成为"书卷气"，这种高层次的美是由书籍装帧来完成的，各种装帧形态的演变，充分体现出书籍装帧的魅力和重要性（见图1-8~图1-12）。

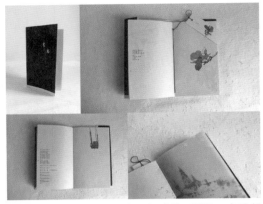

图1-9 《生·息》 设计：李利川 指导：李昱靓
（该作品入选第四届全国大学生书籍设计大赛）

图1-10 第二届全国大学生书籍设计大赛获奖作品

图1-8 黄永松书籍设计作品

黄永松：三十年来始终坚持用最扎实的方式报道传统艺术文化，执着扮演采集民间文物的角色，为国内民艺出版全方位成就的第一人。现任台湾汉声杂志社发行人兼总策划及艺术指导、英文 hansheng 民艺杂志出版有限公司总策划及董事长等职务，曾获国内外许多奖项与荣誉。

图 1-11 封面设计：杉浦康平

2. 书籍内容和装帧的文化同一性

人类为了传递信息，交流思想，就要用文字把这些记录下来，于是笔、墨、纸便产生了。随着社会的发展、生产技术水平的提高，抄写、雕版、制版、印刷、装订等形式也逐渐产生了。书籍装帧随着书籍的形态变化而变化，从产生、发展到不断完善的过程，书籍内容和装帧始终具有文化同一性，使它的审美功能随着实用功能的发展而流动变化，并更加和谐且完美（见图 1-13）。

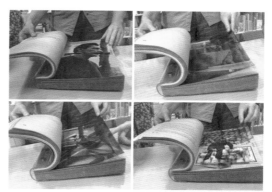

图 1-13 材料与工艺的呈现

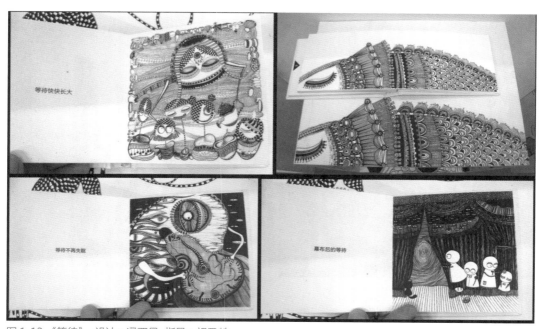

图 1-12 《等待》 设计：冯双晨 指导：祖乃姓

书卷张扬文化气息，适应读者的需求。把握现代技术的运用，充分发挥数字化工具的优势，又不被其所束缚；淡化电脑的痕迹，追求返璞归真的书卷韵味和文化气质，当今广大的设计者在极力唤起人们对书籍文化的尊重。

如何在书籍装帧设计中弘扬民族文化，使之更有书卷气；如何实现书籍设计的外在美观与内在功能的和谐统一，使之更具品位，都是今天的书籍设计者要研究思考的问题。

1.2.3 商业功能

随着现代印刷技术的发展，以及读者的阅读层次越来越丰富，图书品种越来越繁多，竞争也越来越激烈，书籍设计的商业功能越来越凸显，对书籍设计师素质的要求越来越高。书籍设计师们在保证内容丰富的基础上，不断在书籍的结构外观、材质、以及书籍各部分版式等方面推陈出新，求新求异，以吸引更多的读者（见图1-14）。

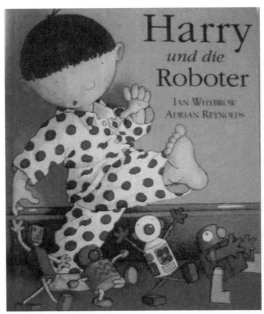

图1-14 儿童书籍设计

我们从读者的购买行为中不难发现，书籍的形式吸不吸引眼球，封面漂亮与否，常常会影响到读者的最后选择。而且，市面上存在虽然外观漂亮但内容却粗制滥造的大量书籍。同时，一些出版人认为，书只是文字传达的载体，设计为其装扮一张漂亮的脸，吸引人的眼球即可，与书的内容相比无多少价值可言。有的出版人认为，为书买一张皮，封面设计是获取效益的唯一，因而哗众取宠，表里不一，过于强调外在的打扮，忽略书籍整体设计力量的投入。装帧界的误区是在封面的设计形式上争论不休。所谓繁复与简约、写实与抽象、传统与时尚、形而上与形而下，非此即彼。有人说"没有设计的设计才是真正的设计"，也有人说"封面设计就是把内容广而告之"……"不以内涵分类，不以受众区别，高谈阔论设计形态规律是阻碍中国书籍设计艺术发展的意识误区。"（吕敬人语）

一味追逐书籍的经济效益，只能适得其反。如果出版商换一种思维，把书籍设计看成促进销售的催化剂，那绝对是真正的价值提升。一本能让读者珍藏的书，更在于其由外至内整体艺术设计所酿造的美，书籍自身的价值才能得以完美呈现（见图1-15）。

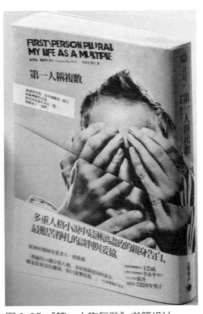

图1-15 《第一人称复数》书籍设计

1.3 中外书籍装帧设计的历史演进

1.3.1 中国书籍装帧设计的历史演进

书是人类文明的载体，它借助文字、符号、图形，记载着人类的思想、情感，叙述着人类文明的历史进程。

我国是一个历史悠久的文明古国，存在源远流长的文化。书籍的产生和发展就是文明发展的标志之一。书籍的历史，实际上反映了人类社会的发展史，并且随着人类社会文明的不断发展而与人类的关系越来越密切。中国书籍装帧的起源和演进过程，至今已有两千多年的历史。在长期的演进过程中逐步形成了古朴、简洁、典雅、实用的东方特有的形式，在世界书籍装帧设计史上占有重要的地位。

书籍装帧隶属于艺术范畴，在研究书籍装帧艺术的同时，应该考虑到不同时代语言、文字、文学、艺术、科学技术的发展情况。在不同的历史时期，书籍具有不同的特定的装帧形态。

1. 初期阶段

所谓书籍的初级形态，指早期的文字记录，或者说是档案材料，如结绳书、契刻书、图画文书、陶文书、甲骨文书、青铜器铭文、石刻资料等，具有书籍的某些因素，因此可以把它们称为初期书籍。

（1）结绳书

《周易·系辞下》云："上古结绳而治，后世圣人易之以书契。"在远古时代，生产力非常低下，先民们为了交流思想、传递信息，用绳子打结来帮助记忆或示意记事。有研究者指出：以一定的绳结和一定的思想联系起来，成为交流思想的工具；结绳可以保存，可以流传，所以结绳从某种意义上讲，就具有了后来书籍的作用，从而成为文字产生的先驱[2]（注2：刘国钧.中国书史简编）（见图1-16）。

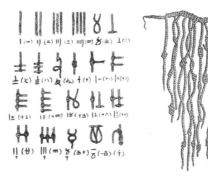

图 1-16 结绳书

（2）契刻书

在我国少数民族中还流行过刻木记事。先民们在木板上刻上缺口（符号），有的则契刻在竹片、骨头上，刻口的深浅和不同形状，包含的意思各不相同。缺口刻得深的，表示重大事件；刻得浅的，表示事件较小。虽然不是文字，但在某种意义上起着文字的作用（见图1-17）。

图 1-17 云南佤族过去使用的刻木

结绳书和契刻书被认为是远古时代的书籍，或至少是书籍的初期形式。

（3）图画文书

图画是文字的前身，是远古人们交流思想的一种工具。我们的祖先用简单的线条将所看到的东西刻画在岩石上，传达信息，交流思想，称为"岩画"。从图画的实际意义及它的历史作用来说，它起着书籍的作用，是我国古代书籍的初期形态之一，故被称为"图画文书"（见图1-18）。

图1-18 内蒙古阴山新石器时代的岩画

（4）陶文书

最早的陶器符号，是20世纪30年代初在山东章丘县城子崖文化陶片上发现的。陶器作为陶文的载体，在陶泥做的陶器上刻上陶器符号，用火烧后，便形成陶文书。陶文书也是我国古代书籍的初期形态之一（见图1-19）。

图1-19 陶器上的彩绘和文字

（5）甲骨文书

100多年前在河南安阳小屯村出土的殷商时期的甲骨文书，是我国古代书籍的初期形态之一。甲骨文书的承载物是甲骨（龟腹甲、龟背甲、牛肩胛骨）。这些甲骨文书大都用来进行占卜和刻记占卜情况。在龟甲的背面钻出圆形的深窝，或凿出梭形的浅槽，然后经过热烤，正面出现各种不同形状的裂纹，称为卜兆。占卜的记录称为卜辞，具有书籍的某种意味。

关于甲骨文书的装订，董作宾在他的《新获

卜辞写本后经》里提到"穿孔的龟甲"，由此推想有可能是把很多龟甲串联成册后，有次序地保管起来。后来线装书的打眼就是受到甲骨文书装订方法的启示和影响。

甲骨文是我国古代书籍初期形态中最早出现的文字，由于书籍装帧形态受到文字形体和承载物的影响，因此甲骨文书在中国装帧史和文字史上都具有特殊的意义（见图1-20、图1-21）。

图1-20 刻有文字的龟甲　　　图1-21 商代牛骨刻辞

（6）金文书

在甲骨文书盛行的商周时代，随着青铜器的出现，人们又在青铜器上铸刻铭文，这些文字被称为"铭文"，也称为"金文""钟鼎文"。一个带铭文的青铜器，就是一本"金文书"。"金文书"的造型丰富多彩，千奇百怪。如果把金文书的造型叫做"开本"的话，金文书的开本可谓是装帧形态上最美、最独特的书。西周晚期的毛公鼎，其铭文长达四五百字（见图1-22~图1-24）。

图1-22 钟鼎文

图 1-23 毛公鼎

图 1-24 毛公鼎铭文

（7）石书（石玉文书、石碑文书、石鼓文书）

古人除在岩石上绘制图画文书以外，还在石头上写字或刻字，用以记载他们的生活中的各类事件，如《石鼓文》、汉代的《熹平石经》等。从载体上看，虽然是取石为料，却是有意进行加工，造型似鼓，谓之石鼓文。除了在石头上刻字，古人还在玉片上写字记事，刻在长方形大石上的叫石碑书。这类文字记载虽然仍不同于后世书籍的形态和内容，但也同样具备甲骨文和青铜器铭文的记事功能，所以也应视为书籍的初期形态之一。

这些书无论何种形态，无论有无文字，无论文字的特点如何，都在记录着历史，表达着某种意思，在不同程度上都起着书籍的作用（见图 1-25）。

图 1-25 石鼓及石鼓文

2．正规阶段

大量的学者认为，我国书籍装帧的正规形态是从简策书开始的。书的正规形态主要受材料的制约，不同的材料会产生不同形态的书。这些形态包括：简策书、木牍书、帛书、卷轴装书、旋风装书、粘页装书、缝缋装书等。用料的顺序是：竹、木、缣帛和纸。材料的不同，也就产生了不同的装订方法。

（1）简策书

产生于约公元前 10 世纪的周代，盛行于秦汉。

简策，最简明的诠释就是"编简成册"之意。"策"是"册"的假借字，"册"是象形字，其形似绳穿、绳编的竹木简。

简策或简牍，是一种以竹木材料记载文字的书。用竹做的叫做"简策"，用木做的叫做"版牍"。一块写了字的竹木片被称为"简"，它是组成整部简策书著作的基本单位，把若干简依文字内容的顺序缀连起来，就是"册"或"策"。可见"简策"的确切含义是编简成册的意思。

随着竹、木等书写材料的出现，简策替代了书籍的初级形态。古人将文字书写于带有孔眼的竹木简上，以篇为单位，一篇简策书写完之后，以麻绳、丝绳或皮绳作结。编简一般用麻绳，用丝绳的叫丝编，用熟牛皮的叫做纬编。简策书编好之后，以尾简为中轴卷成一卷，以便存放。为检索方便，在第二根简的背面写上篇名，在第一根简的背面写上篇次，类似今天书籍的目录页，卷起后正好露在外面。将卷好的简捆好，放入布袋或筐，盛装简策的布袋称为"帙"。简策书籍的这种编连卷收的方法，适应竹木简的特质而形成的特定形式，对后世典籍的装帧形式产生了极其深远的影响（见图1-26）。

也用来制作书籍。《墨子·贵义篇》中有"书之竹帛，镂之金石，琢之盘盂"的语句。所谓"书之竹帛"指的是将记载先王之道的文字书写在竹简上或缣帛上。帛书的承载物是缣帛，缣是一种精细的绢料，帛是丝品的总称，缣帛质地好，重量轻，但价格较贵。竹简虽沉重，但价格便宜，所以，人们常用竹简打草稿，用缣帛作为最后的字本。从春秋到东晋上千年的时间里，缣帛和竹简一样成为书籍普遍采用的制作材料。长沙马王堆出土的帛书，有的写在整幅帛上，以一条2.3厘米宽的竹片粘于帛书的末尾，以此为轴心将帛书从尾向前卷成帛卷，成为以后卷轴装书的雏形。

另外，当时的帛书是装在长方形的盒子里的，用盒装书这在书籍发展史上是第一次。以后出现的函套书籍，都是受了帛书盒子的启发和影响（见图1-27）。

图1-26 简策

中国传统书籍竖写直行，从右向左读，这在甲骨文书中首先出现，在金文书中得到延续，而在简策书中顺理成章，成为传统的排版形式。简策书中已涉及开本、版面、材料、封面、护封、环衬等现代意义上的概念，且装帧形态颇具规模，特征显著。由于简策书在历史上使用的时间很长，又是成熟的正规书籍的最初形态，所以对后世书籍装帧艺术的发展影响深远。

（2）帛书

在竹木简策书盛行的同时，丝织品中的缣帛

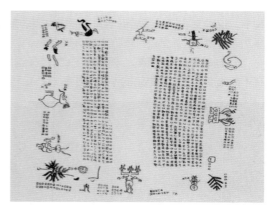

图1-27 长沙子弹库帛书（战国）

（3）卷轴装书

卷轴装书始于汉代，盛行于魏晋，历经隋唐五代。

随着社会的进步和科学技术的发展，纸的出现冲击了简策书和帛书，使书籍的承载物发生了根本性的变化，逐渐由用竹、帛等材料变为用纸。新的材料带来新的生命，带来新的装帧形态——卷轴装。

东汉时期（公元105年），蔡伦发明造纸术。这时纸的质量有了很大的提高，已经开始用于书写，其形式为：将一张张纸粘成长幅，以木棒等作轴粘于纸的左端，比卷子的宽度略长，以边为轴心，自左向右卷成一卷，卷好后上下两端有轴头外露，以利典籍的保护，这就是卷轴装书，也称"卷子装"。卷轴装书由四个部分组成，即卷、轴、褾、带，再加上印签、帙等附件组成。为保护典籍内容不受污损，卷轴装书在正文第一张纸的前边还要粘裱一张空白纸，甚至粘接绫、绢等丝织品。粘接的这张空白纸或绫、绢，叫做"褾"，也叫"包头""包首"。褾的右端接有不同材质和颜色的带，带的右端接有不同材质和颜色的别子，称为"签"。卷子卷好，褾在最外层，用带捆好，以签别住，才算完全装好（见图1-28、图1-29）。

卷轴装在一定程度上弥补了简策形式笨重、翻阅不便的弊端，但也有价格过于昂贵、普及性较差的缺点。卷轴装书籍发展到唐代以后，其制作工序复杂，在翻阅时需要展卷、收卷，带来阅读和使用上的不便，于是出现了旋风装、经折装等书籍装帧形态。

（4）旋风装书

旋风装由卷轴装演变而来，是一种特殊的装帧形态。旋风装书中出现页子，并双面书写，这对书籍装帧形态的演变有重要的历史作用。

旋风装书的形式是在卷轴装的底纸（比书页略宽的长条厚纸）上，将写好的书页按顺序自右向左错落叠粘，舒卷时宛如旋风，因其展开后书页鳞次栉比，状似龙鳞，故又称为"龙鳞装"。

旋风装有自己独立的形态，书既保留了卷轴装的外壳，又是对卷轴装的一种改进，解决了翻阅麻烦的问题，对册页书的出现具有重要意义，它在中国书籍装帧史上和印刷史上都占有重要地位。旋风装是根据自身特点而形成的一种不固定的、比较随意的装帧形式，它在历史上也只是昙花一现。旋风装是我国书籍由卷轴装向册页装的早期过渡形态（见图1-30、图1-31）。

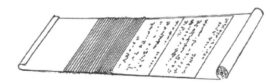

图1-30 旋风装

图1-28 卷轴装书

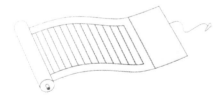

图1-29 卷轴装示意图

图1-31 旋风装

图 1-32、图 1-33 所展示的是旋风装在现代书籍设计中的运用。

图 1-32 第二届大学生书籍邀请赛获奖作品

图 1-33 旋风装装帧形式 设计：勿醒 指导：吴勇

（5）粘页装书、缝缀装书

粘页装书：将书页粘在一起，形成一册（见图 1-34）。

图 1-34 粘页装书

缝缀装书：杜伟生的《中国古籍修复与装裱技术图解》中提到，这种装帧形态的书页多是把几件书页叠放在一起对折，成为一叠；几叠放在一起，用线串连，这一点和现代书籍的锁线装订方式非常相似，只是穿线的方法不太规则。这样装订的书多是先装订，再书写，然后裁切整齐。

缝缀装书对后来出现的蝴蝶装、包背装和线装书的打眼装订、锁线装订有一定的启发作用（见图 1-35）。

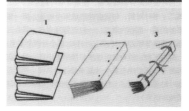

图 1-35 缝缀装书

3. 成熟阶段

中国书籍装帧的历史经过初期阶段、正规阶段，进入成熟阶段。这个阶段的书籍装帧形态主要是册页形态。通常以纸为承载物，从梵夹装书开始，经过经折装书、蝴蝶装书、包背装书到线装书为止。这些书绝大部分都是雕版印刷的。

（1）梵夹装书

梵夹装原本不是中国古代书籍的装帧形式，而是人们对古代从印度传进来的用梵文在贝多树叶书写佛教经典的装帧形式的一种称呼，又称为"贝叶经"。这种装帧形态主要特点是：一页一页的单页，页和页之间并不粘连；前后用木板相夹，作为封面和封底，以绳穿订，目的是为了保护书页。这是最早出现的封面形式，并流传下来（见图1-36、图1-37）。

（2）经折装书

经折装书又称折子装，出现在9世纪中叶以后的唐代晚期，是在卷轴装的形式上改造而来的。唐代崇尚佛教，经折装书主要是书写佛经、道经以及儒家的经典，故取"经"字；又因为这种书已由卷改成折叠式书，故取"折"字，由此得名"经折装"。装帧的形式是依一定的行数左右连续折叠，最后形成长方形的一叠，前后粘裱厚纸板，作为护封。经折装克服了卷轴装的舒卷不便的问题，大大方便了阅读和取放。经折装在书画、碑帖等装裱方面一直沿用至今。经折装的出现标志着中国书籍的装帧完成了从卷轴装向册页装的转变。经折装克服了卷轴装不易翻阅查阅的弊病，但也有翻阅时间长了页面连接处容易撕裂的缺点（见图1-38、图1-39）。

图1-36 梵夹装书

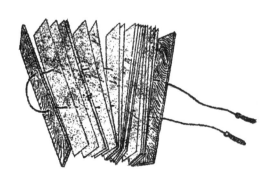

图1-37 梵夹装书示意图

图1-38 经折装书

图1-39 经折装《兰亭序》 设计：刘晓翔

刘晓翔：中国出版工作者协会装帧艺术工作委员会委员，高等教育出版社编审；多次获得"中国最美的书""世界最美的书"奖，2010年、2012年、2014年三次获得"世界最美的书"奖；2012年创建晓翔设计工作室，任设计总监。

（3）蝴蝶装书

蝴蝶装书出现在五代，盛行于宋元。

蝴蝶装书出现在经折装书之后，始于唐代后期，盛行于宋元。它是以册页为形式的最早的书籍装帧形式之一。北宋以后，雕版印刷普及，为适应雕版印刷又方便阅读的需求，"蝴蝶装"出现了。其形态为，将每一印刷页向内对折，文字内容在折缝处左右各一页，打开后书页恰似蝴蝶的两翼向两边张开，故称"蝴蝶装书"，又称"蝴蝶书""蝶装"。蝴蝶装书是册页书的中期表现形式，它是传统书籍装帧形态之一。蝴蝶装是宋元版书的主要形式，它改变了沿袭千年的卷轴形式，适应了雕版印刷的特点，但也有版心易于脱落、阅读无字页面的缺点（见图1-40）。

（4）包背装书

包背装书出现在南宋后期，盛于元、明，流行于清初。包背装是在蝴蝶装的基础上发展起来的一种书籍装帧形式，是一种较为成熟的书籍形态。其印刷页采用蝴蝶装的印刷页，版心左右相对，都是单面印刷。蝴蝶装折页是版心对版心，而包背装则是版心相离，既便于翻阅又更加牢固。

明代的《永乐大典》、清代的《四库全书》都是采用包背装。

现代书籍在使用包背装形式时，往往利用其本身特殊的构造（纸张对折形成中空页）表达设计者对于书籍内容的深刻理解，使人们在阅读的同时能够感受到一种令人愉悦的形式感（见图1-41、图1-42）。

图1-41 包背装书

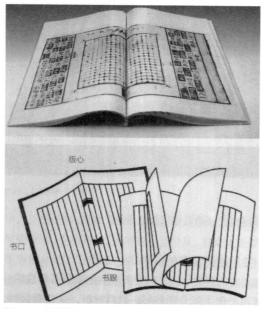

图1-40 蝴蝶装书及蝴蝶装书示意图

图 1-42 新年册子 设计：廖科平 指导：陈珈

由于包背装的书口向外，竖放会磨损书口，所以包背装书籍一般是平放在书架上。包背装书籍的装订及使用较蝴蝶装方便，但装订仍较复杂，且未解决脱页的弊端。为了解决这个问题，一种新的装订形式——线装逐渐兴盛起来。

（5）线装书

线装书是中国古代书籍装帧形态的最后一种形式。线装书起源于五代，盛行于明代，鼎盛于清代，至今仍在使用。

这种装订形式在南宋就已出现，明嘉靖以后才流行，清代普遍采用了这种装订方式。

线装书的印刷与包背装相同，都是单面印刷，装订折页也与包背装的折页相同。不同的是折页口无包脊背纸。全书按顺序折好后配齐，然后在前后各加与书页大小一致的白纸折页作为护书页，最后再配上两张与书页大小一致的染色纸，也是对折页，作封面、封底之用。在护书页前后各加一张纸，与书页折缝处同时戳齐，把天头、地脚及右边折口处多余的毛边纸裁切齐，加以固定，而后离折口约 4 厘米宽处从上至下垂直分割打四个或六个空孔，用两根丝线穿孔，一竖一横锁住书脊，便形成线装书的装帧形式。这种装帧形式在我国传统装帧技术上是集大成者。它既便于翻阅，又不易破散，既美观又坚固耐用，所以能流行至今。因具有极强的民族风格，至今在国际上享有很高的声誉，是"中国书"的象征。

① 线装书的分类。线装书有简装和精装两种形式：简装采用纸封面，订法简单，不包角，不裱面；精装采用布面或用绫子、绸等织物裱在纸上作封面，订法也较复杂，订口的上下切角用织物包上，最后用函套或书夹把书册包扎或包装起来。

② 线装书的封面设计。线装书的书衣（即"书皮"或现代意义的封面），一般也是折页，折的部分在书口，单页处用线锁住，书衣与书融在一起，改称"书衣"为"书皮"。

线装书的封面及封底多用瓷青纸、粟壳色纸或织物等材料。封面左边有白色签条，上面题有书名并加盖朱红印章，右边订口处以清水丝线缝缀。版面天头大于地脚两倍，并分行、界、栏、牌。行分单双，界为文字分行，栏有黑红之分的乌丝栏及朱丝栏，牌为记刊行人及年月地址等，并且大多书籍配有插画。版式有双页插图、单页插图、左图右文、上图下文或文图互插等形式（见图 1-43~ 图 1-45）。

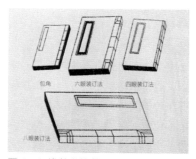

图 1-43 线装书的装订形式

图 1-44 线装书成书

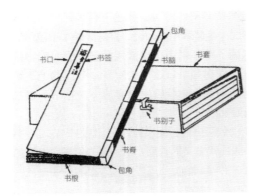

图 1-45 线装书示意图

③线装书的套函。

套：指书套。书套是中国古代书籍传统的保护形式，其制作材料主要是硬纸，包在书的四周，即前后左右四面，上下切口均露在外面，这种形式称为"书套"。

开启处可挖成各种图案造型，有月牙形、环形、云形、如意形，等等，称为月牙套、云头套等。

函是封闭的意思，以木做匣，用来装书。匣可做成箱式，也可以做成盒式。

函套、函盒就是用布套、锦套、木盒等将书封函起来，免受尘封、潮浸、日晒。

四合套，就是切割草版纸，与书的厚薄、宽窄、高低相一致，用布条将其粘连成型，再裹包布面或锦面，在左边书口一侧加连书别，将书的上下左右四面全部包裹，只露天头地脚，所以称为四合套（见图 1-46）。

六合套，如果将书的六面都包封起来，就称为六合套（见图 1-47、图 1-48）。

图 1-46 四合套 《子夜》 设计：吕敬人

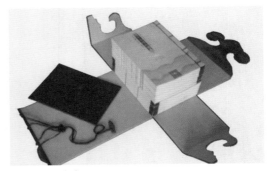

图 1-47 六合套

图 1-48 六合套 《食物本草》 设计：吕敬人

线装是古代书籍装帧的最后一种形式，也是古代书籍装帧技术发展史上最富代表性的阶段。线装书经过现代设计师的一些大胆演绎，其应用范围大大拓宽了。

例如《灵韵天成》、《蕴芳含香》和《闲情雅质》，是一套介绍绿茶、乌龙茶、红茶方面的生活类图书，由著名书籍设计专家吕敬人设计。出版社对图书的定位是时下流行的实用型、快餐式的畅销书。全书透出中国茶文化中的诗情画意。该书装帧形式采用了线装书的装订方式，整体设计在融合中国传统元素的同时又富含现代视觉元素理念。全书完全颠覆了原先的出书思想，用优雅、淡泊的书籍设计语言和全书有节奏的叙述结构诠释主题。绿茶、乌龙茶两册采用传统装帧形式，内文筒子页内侧印上茶叶的局部，通过油墨在纸张里的渗透性，让人在阅读时产生茶香飘逸的感觉。另外一册红茶，从装帧形式到内文设计均为西式风格，体现了英国式的茶饮文化。线装书给人一种传统的感觉，很有历史感，当图书是表现一些传统题材、民间艺术、历史文献等方面的内容时，是一种很适合的装订方式。同时，线装书和其他的设计手段结合，如文字的编排、色彩的运用、纸张的选择等，更能完美表现书籍的内容。（图1-49为其中介绍绿茶的书《灵韵天成》）。

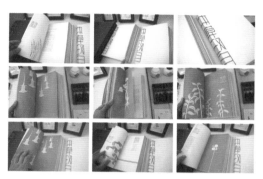

图1-51 四川音乐学院成都美术学院学生的作品

图1-49 《灵韵天成》 设计：吕敬人

　　图1-50~ 图1-58展示的是线装书在现代书籍设计中的运用。

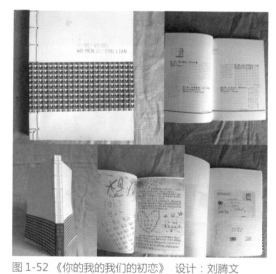

图1-52 《你的我的我们的初恋》 设计：刘腾文
　　　　指导：李昱靓
　　（该作品入选第四届全国大学生书籍设计大赛）

图1-50 线装书（图片来源于"绘本的秘密"）

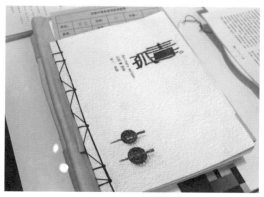

图1-53 孤毒 设计：孙瑾 指导：张志伟

图 1-54 《打麻将》 川音成都美术学院学生的作品

图 1-55 《捣腾——潘家园》 设计：郗恩延
指导：王红卫

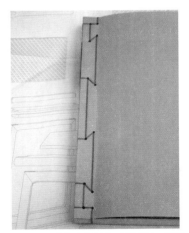

图 1-56 《文心飞渡》（局部） 设计：红卫

图 1-57 《踏莎行》 设计：姜蒿

图 1-58 线装书

4. 中国近现代书籍装帧设计艺术

中国近代书籍装帧设计起源于清末民初，尤其随着"五四"新文化运动的兴起而兴起。由于新文化运动的推进以及西方科学技术的影响，西方的工业化印刷代替了我国传统的雕版印刷，以工业技术为基础的装订工艺产生了。同时催生出了精装本和平装本的装订形式，装帧方法也由此发生了结构层次上的变化，有了封面、封底、版权页、扉页、环衬、护封、正文页、目录页，等等。此外，新闻纸、铜版纸等纸张的应用，双面和单面印刷技术的实现等使这一时期的书籍装帧设计无论从理念上还是技术上与过去比都发生了翻天覆地的变化，使中国的书籍设计艺术进入历史新纪元。

平装是铅字印刷出现以后近现代书籍普遍采用的一种装帧形态。其中出现了"锁线钉""无线胶钉""骑马订"等形式，这些装订方法将在本书以后的章节中介绍。

鲁迅不仅是伟大的文学家、思想家，还是中国近代书籍艺术的倡导者。鲁迅先生不仅亲身实践，设计了数十种书籍封面，还倡导"洋为中用"、"拿来主义"，提倡既要学习西方的书籍装帧形式，又不失民族特色。他针对书籍装帧提出了一些具体的改革：首先，首页的书名和著者题空打破对称式；其次，每篇第一行之前留下几行空行；最后，书口留毛边。并对封面、插图、书名、排版等非常重视。此外，他反对书版格式排得过满过挤，不留一点空间。鲁迅先生非常尊重画家的个人创作和个人风格，团结在他身边的有陶元庆、丰子恺、钱君陶、陈子佛、司徒乔、张光宇等当时有影响的书籍装帧艺术家，他们的作为对书籍艺术的发展起到了积极的推进作用（见图1-59、图1-60）。

图4-34《发掘》封面

图4-35《黑牡丹》封面

图1-59 民国时期的封面设计

图1-60《呐喊》封面 设计：鲁迅

　　1949年以后，出版事业的飞速发展和印刷技术、工艺的进步，为书籍装帧艺术的发展和提高开拓了广阔的前景。中国的书籍装帧艺术呈现出多种形式、风格并存的格局。"文革"期间，书籍装帧艺术遭到了劫难，"一片红"成了当时的主要形式。

　　20世纪60年代，我国的出版物品种单一，设计作品带有明显的政治倾向，印制粗糙，设计思路狭窄，口号代替了创作，书籍装帧行业一度跌入低谷。

　　到了70年代后期，书籍装帧设计事业得以复苏。30多年来，我国的书籍整体设计和封面设计已经比较成熟，虽然在印制材料、工艺、技术方面与国际水平相比还有差距，但是在美术设计的立意、构图及绘制方面具有中国特色。

进入 80 年代，改革开放大力推进了书籍艺术的发展。随着现代设计概念、现代科技的积极引入，中国书籍装帧艺术更加趋向个性鲜明、锐意求新的国际设计标准。书籍装帧设计中融入了现代构成主义设计理念，以及国际化的设计风格、材料肌理的呈现，等等。

近年来，书籍设计艺术的设计氛围和学术气息空前浓厚，国内参与国际书籍设计赛事的设计师越来越多，并频频获奖。比如，每年在德国莱比锡举办的"世界最美的书"评选活动，由德国图书艺术基金会、德国国家图书馆和莱比锡市政府联合举办，吸引了世界上几十个国家的图书设计艺术家参选。莱比锡"世界最美的书"评选代表了当今世界图书装帧设计界的最高荣誉。我国出版界与之渊源可谓深厚。1959 年，我国第一次参加"莱比锡书籍艺术博览会"，上海出版界共获得金奖 2 枚、银奖 3 枚、铜奖 3 枚。时隔三十年后的 1989 年，上海书画出版社的《十竹斋书画谱》又荣获了图书设计艺术国家大奖。2004 年，河北教育出版社的《梅兰芳（藏）戏曲史料图画集》荣获了唯一的金奖。

自 2004 年《梅兰芳（藏）戏曲史料图画集》荣获"世界最美的书"金奖至今，我国获得"世界最美的书"的书籍如下：2004 年度"世界美的书"（唯一）金奖：《梅兰芳（藏）戏曲史料图画集》；2005 年度"世界最美的书"荣誉奖：《土地》；2005 年度"世界最美的书"荣誉奖：《朱叶青杂说系列》；2006 年度"世界最美的书"金奖：《曹雪芹风筝艺术》；2007 年度"世界最美的书"铜奖：《不裁》；2008 年度"世界最美的书"荣誉奖：《之后》，2008 年度"世界最美的书"特别制作奖：《蚁呓》；2009 年度"世界最美的书"全场大奖：《中国记忆——五千年文明瑰宝》（见图 1-61）；2010 年度"世界最美的书"最美创意奖：《诗经》；2011 年度"世界最美的书"荣誉奖：《漫游——建筑体验与文学想象》；2012 年度"世界最美的书"银奖：《剪纸的故事》，荣誉奖：《文爱艺诗集 2011》；2013 年度"世界最美的书"银奖：《坐火车的抹香鲸》；2014 年度"世界最美的书"铜奖：《刘小东在和田 & 新疆新观察》，荣誉奖：《2010—2012 中国最美的书本》。同时，涌现出了一批知名的书籍设计专家，有吕敬人、刘晓翔、朱赢椿、吴勇、杨林青、陈楠、赵清、赵健等。此外，每四年一届的"全国书籍设计大展"、每三年一届的"中国政府出版装帧奖"评选以及每年一届的"中国最美的书"评选吸引了众多的书籍设计专业人士和爱好者参与，涌现了大批书籍设计优秀作品，为创造出属于新时代的中国书籍装帧风格、在世界书籍设计艺术领域确立中国书籍设计的地位，做出了不可磨灭的贡献！

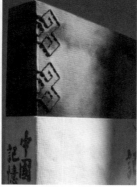

图 1-61 《中国记忆》　设计：吕敬人

1.3.2 国外书籍装帧设计的历史演进

在书籍设计艺术发展的历程中，书籍的形态、装帧材料、装订工艺、印刷方式等因地域、文化和历史背景的不同而各具特色。

国外书籍装帧的原始形态可追溯到公元前2500年前后古埃及人抄写在莎草纸上的典籍，并从那时开始就把文字刻在石碑上，称为石碑书。公元前2世纪小亚细亚帕加马城开始制作的羊皮纸，在传入欧洲后得到大力推广，成为华丽的羊皮纸书（见图1-62）。

图1-62 羊皮纸书

在西方，自从人类发明了纸张、印刷术后，书籍设计艺术得到了前所未有的发展。书籍装帧形式有哥特式宗教手抄本书籍，古登堡的平装本、袖珍本以及王室特装书籍。接近现代的精装本形式是在16世纪的欧洲出现的。19世纪末，工业革命之后，西方出现了以莫里斯、格罗佩斯为代表的展露现代设计端倪的书籍设计艺术。

1. 国外书籍的早期形式

四大文明古国之一的埃及，最早使用莎草茎（尼罗河流域的沼泽和湿地中的水生植物）制成的莎草纸进行书写，这是最类似于现代纸张的材料，而纸张的英文paper就源于莎草纸papyrus一词。这种书籍阅读时展开，阅完收卷起来，使书的开始页重新放在前面。法国卢浮宫保存有距今4500年的埃及莎草纸卷。莎草纸卷的具体做法是：将莎草茎切成小薄片，放入两块木板中，夹紧后再拍打，将书写的一面在浮石上打磨，使之光滑，然后再书写文字。

在古代美索不达米亚地区（今伊拉克一带），黏土从公元前4世纪开始即作为书写用的材料，当时是利用末端呈楔形的棍棒在黏土制成的板子上刻写符号，发展到后来就成了目前已知的历史最古老的楔形文字。在古巴比伦，古巴比伦人与亚述人用尖角的木棒把文字刻在泥版上，再把泥版放在火上烧制、烘干成书，书籍往往是刻有楔形文字的泥版，并注上页码。纽约摩根图书馆（金融家皮尔庞特·摩根设在纽约的诗人图书馆，被誉为"文艺复兴时期的瑰宝"）收藏了许多上千年前美索不达米亚地区的楔形文字黏土板（见图1-63）。

图1-63 黏土板

那时就已经发明了将写字用的黏土板插入黏土制的外盒，用来保存珍贵文件。可以说是世界上最早的一种文件保存用具。要利用和文件本身相同的材料来保护文件，其实难度相当高，而这种做法极富创意。

古埃及人、古印度人、古拉丁美洲人把经文刺在树叶、树皮上做成书，并将树叶、树皮压平，切成一致的形状，装订成册，四周涂上金粉装饰，这种书被称为"贝叶经"（见图1-64）。这些最初的书籍形式是今天书籍的祖先。它们主要是用于当时的统治者和贵族处理国家事务或其公私生活的记载，而不是以传播知识为目的的著作，且不便于流传和保存。因此，最早的书籍雏形应该是从中国的简牍和西方的古手抄本开始的。

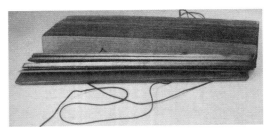

图1-64 贝叶经

2. 欧洲的手抄本

欧洲的古手抄本产生于罗马帝国。"抄本"这种文件的形式与今日的书本相同,包含连续多张脊部固定在一起的纸页和封面,封面或多或少带有华丽的装饰,精美程度依据文件的重要性而定。教堂和宗教团体在文字和书籍的发展过程中起了重要的作用。其把文字和书籍看得相当神圣,把书籍看作神的精神容器,因此不惜工本地加以修饰,包括彩绘、插图、花体文字和装饰纹样。不同的书籍运用多种不同的创新技法和装饰技术,开始进行现代所谓的"装饰",而装帧书封兼具双重功能,一是封面可用来保护内部的书页,二是封面也能提升书本的地位并起到加固的作用,便于阅读或随身携带。当时发明了各种具有保护功能的用品,通常是在木板上加覆皮革、布、金属或其他适合的材料。用这种牢固耐用的独特木盒装书既方便使用者辨认盒中的文件,同时也有助于保护内容物,而这种木盒结构中有不少是以金属零件加固或锁住,另外周边也留有足够的空白部分可供发挥创意、添加装饰(见图1-65)。

图1-65 14世纪的英文手稿

欧洲的许多国家先后产生了十分绚丽的抄本书籍,出现了卡罗林和哥特艺术风格的书籍;哥特字体相应产生,主要在宗教书籍中使用。摩根图书馆在1899年购买了第一本中世纪彩绘手抄本。这本9世纪成书的《林道福音》,除了内页制作精美外,最特别的是封面与封底都是用金、银、珐琅与珠宝镶嵌而成,精致华丽的程度可视为书籍装帧艺术的极致典范。值得注意的是,该书的封面与封底皆非为内页的手抄本所定制,而是由不同时期、不同的工匠所完成。事实上封底的诞生甚至比书页要早了约100年。至于何时封面与封底合二为一,装订者又各为何人,皆无可考。但从书籍的印鉴可知,两者在1594年已经共存了(见图1-66)。

图1-66 《林道福音》

抄本不只是今日书本的鼻祖,其他如合页本、文件夹以及各种规格的现代文具用品也都渊源于此。

公元1世纪末,希腊诗人荷马和罗马诗人弗尔基的书籍,就是以古手抄本的形式出现的。

到中世纪左右，因羊皮纸质地柔软，书写均匀，能够用斜切的鹅毛笔代替灯芯草笔和石笔书写，因此羊皮纸得到广泛使用。

3. 古登堡时期的书籍艺术

15 世纪前后的欧洲，由于经济和文化的迅速发展，手抄本已无法满足日益增长的社会需求。随着中国活字印刷术的传入，欧洲的印刷术有了新的发展。德国的古登堡将胶泥木刻活字改良成金属活字、铅铸活字，同时发明了木质印刷机，大大提高了印刷的速度与质量。这一重要的改进与发明使欧洲摆脱了中世纪手抄本时代，印刷业得到迅速发展。很快，古登堡的活字印刷术在欧洲传播开来，并得到广泛应用。古登堡用活字印刷术印刷的第一本完整的《圣经》，文字分两栏编排，版面工整，插图与文字结合在一起进行编排，使阅读更加愉悦，具有一定的趣味性。古登堡《圣经》是西方活字印刷术于 15 世纪中叶发明后最早生产的书籍，它不仅象征了文明的大跃进，其本身也是一件艺术品，全世界仅存四十余部（见图 1-67 ）。

图 1-68 所示为摩根图书馆 1896 年向英国伦敦古书店"莎乐伦"购买的古登堡印刷的第一部《圣经》，书页是羊皮纸，上面有手绘的彩色花纹装饰。

古登堡创建金属活字印刷术是在 1440~1448 年之间，虽然比发明活字版印刷术晚了 400 年之久，但是古登堡在活字材料的改进、脂肪性油墨的应用以及印刷机的制造方面，都取得了巨大的成功，从而奠定了现代印刷术的基础。各国学者公认，现代印刷术的创始人就是德国的古登堡。

古登堡印刷术的发明进一步促进了书籍的大量生产。与前期的手抄本书籍相比，虽然书籍形式千篇一律，但版面的整体性特点非常明显。古登堡的活字印刷术先由德国传到意大利，再传到法国，到 1477 年后已传遍欧洲了。

4. 欧洲文艺复兴后至 18 世纪的书籍艺术

欧洲 14 世纪开始了文艺复兴运动。人文主义是文艺复兴时期的思想纲领，于是书籍内容从固有的宗教内容的传播，转变为自然科学书籍、医药书籍、文法书籍、经典作家出版物以及地图书籍等的传播和发展。书籍的商品化促进了这一时期的书籍以及书籍装帧设计的进一步发展和成熟。

16 世纪意大利文艺复兴时期，著名建筑师帕拉迪欧（1508~1580 年）于 1570 年出版的《建筑四书》是西方最著名的一本建筑论述，他自己设计了 217 幅细致的木刻版画（见图 1-69 ）。

图 1-67 古登堡用金属活字印刷的第一本完整的书籍

图 1-68 古登堡印刷的《圣经》

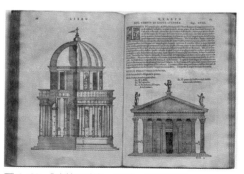

图 1-69 《建筑四书》 设计：帕拉迪欧

现代书籍设计艺术的萌芽以英国的威廉·莫里斯（1830—1896 年）为开拓者。他是著名的诗人、政治家、建筑家、画家、书法家和书籍工艺家。他为了复兴手工艺与倡导精致出版，于 1891 年创立了"凯姆考特印刷坊"，亲自进行设计工艺工作。他非常注重字体的设计，通常采取对称结构，形成了严谨、朴素、庄重的风格。他设计的封面也十分优雅、美观、简洁，注重书籍的外表与内容的和谐、精神与艺术气质的统一，讲求工艺技巧，创作严谨，一丝不苟。短短六七年时间，此印刷坊以手工印制了 53 部书（共 69 卷，约 1.8 万册），书中的所有字体、版型、装饰花边皆由莫里斯精心设计。图 1-70 展示的是由杰拉尔杜斯·墨卡托（1512~1594 年）出版的三巨册《宇宙地图集》，他也是史上率先使用 Atlas 这个字来表示"地图集"的始祖。图中所示为《宇宙地图集》中的亚洲地图。

图 1-70 《宇宙地图集》 设计：杰拉尔杜斯·墨卡托

莫里斯将书籍视为艺术品般创作，印刷坊的登峰造极之作《乔叟作品集新印》（通称"凯姆斯考特乔叟"）由莫里斯亲自设计书中的所有花边、字体与版型，书中的 87 幅插画出自他的莫逆之交爱德华·伯恩·琼斯之手。此书以罕见的白色猪皮装订，压图图案则取材自莫里斯的一本 15 世纪的藏书。图 1-71 展示的是琼斯亲赠给女儿的书，现今收藏于美国南方卫理公会大学布丽德威尔图书馆。

图 1-71 《乔叟作品集新印》 设计：莫里斯

17~18 世纪，随着人类文化水平的提高，书籍的印刷质量有很大提高。

1896 年手工印刷的《乔叟作品集新印》（The Works of Geoffrey Chaucer Now Newly Imprinted）大约只装订了 440 册。它们是"凯姆斯考特印刷坊"的登峰造极之作（见图 1-72）。

图 1-72 《乔叟作品集新印》 设计：莫里斯

5. 18 世纪后至今的书籍设计艺术

19 世纪，在工业化、民主意识和城市化浪潮的推动下，工业革命的影响无所不至，书籍的印量增长迅猛。这种产品明显能够吸引更多的消费者，因为它们的价格更低，而且更为实用，但从前手制品的品质和独特性逐渐丧失。虽然传统书籍装帧工艺确实从未完全失传，但其地位已经被工业产品取代。此外，各种新的材料的出现，以消费主义和量胜于质为基础的新思维兴起，趋势逐渐走向为普及大众提供产品，而不是为少数人提供精挑细选且品质优良的物品。以前书籍只有少数人能够使用，但现在却变得极为普遍，成为平民百姓都买得起的商品。

19世纪和20世纪的出版商大多采用纸张、纸板、布和之后兴起的塑料作为大量装帧的材料，这是因为他们必须呼应消费者对于更便宜的产品的需求。品质达不到爱书者藏书等级的装帧本多半只具有保护功能，无法兼具对于美观的需求。另一方面，由于摄影和印刷品变得极为普遍，照片和图片就成了装饰大部分书籍封面的理想材料，而发展出的成品之一"封面纸套"就是以装饰功能为主的装帧用品。

本书在追溯书籍设计发展历程的同时，将在第三章的内容讲解中试图重拾手工书的意蕴。

莫里斯倡导的"工艺美术运动"在欧美各国得到了广泛响应，影响着书籍装帧艺术的发展，激励了欧洲许多国家以及美国为提高书籍设计艺术的质量进行不懈的努力。同样，19世纪末20世纪初在欧洲和美国产生并发展的一次影响深远的新艺术运动，成为传统设计和现代设计之间承上启下的转折点。

各种艺术流派不断地推动着书籍设计艺术的发展，也形成了各种风格的书籍设计艺术。

青年风格产生于1876年后的德国，这种风格综合历史上各种风格的艺术而形成，并在20世纪30年代影响了中国书籍的面貌（见图1-73）。

图1-73 青年风格的《哈姆莱特》 设计：克赖格（德国）

构成主义始于1917年俄国十月革命以后，是一种理性的和逻辑性的艺术，讲究组合变化。其提倡者是前苏联的李捷斯基（1890—1941年），他的观点很快就影响了许多国家（见图1-74）。

图1-74 构成主义风格图书设计

德国人约翰·契肖德深谙构成主义的精髓，并进一步将其发展为新客观主义，成为现代书籍艺术的里程碑。新客观主义的基本原则是：彻底脱离传统的版面设计，绝对地不对称，强烈的明暗对比，拒绝使用装饰纹样，用粗体字作为重点字体，运用块面和粗线条来突出主题。它强调版面设计的功能，要求每件设计都是有趣的和有独到之处，并且运用适当的形式来寻求版面与内容以及作者与读者之间的紧密联系。

以蒙德里安和杜斯伯格为代表的荷兰风格派于1971年形成，影响巨大。图1-75展示的是当时《风格》杂志的封面设计。

图1-75 新客观主义图书设计

20 世纪 40 年代，纽约平面设计流派注重简洁、明快的特点，且不失浪漫和幽默的风格特征，以保罗·兰德为代表的杂志封面设计最为典型。

鸟类学家兼画家约翰·詹姆斯·奥杜邦于 1827 年至 1838 年间在英国出版了四册巨幅的绘本《The Birds of America》，内含四百多幅铜版画，都是依奥杜邦的原版画为底本所印制，然后手工上色。由于奥杜邦是依鸟的原始尺寸绘图，故书页尺寸超大，平均约 97 厘米 ×64 厘米。此套"巨著"出版不到 200 部，为史上最著名的鸟类绘本。2010 年 12 月 7 日，拍卖公司"苏富比"以 732 万英镑（约合 1150 万美元）卖出一部，不仅创下此书最高的拍卖纪录，也使其成了史上最昂贵的一部印刷书。图 1-76 所示为"苏富比"那次拍卖的书与内页。

图 1-76《美国鸟类》　设计：约翰·詹姆斯·奥杜邦（1838 年）

西方有些人专爱收藏比拇指还短的袖珍迷你书（miniature book），甚至还成立了俱乐部。这些迷你书确确实实有文字或图像，只不过视力不佳者恐怕得用放大镜观看才行（见图 1-77）。

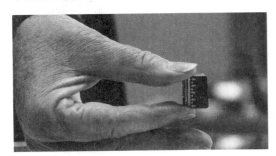

图 1-77 袖珍本图书

对于大多数藏书家而言，书的外在美与内在美都同等重要。图 1-78 展示的是一本装饰性极强的彩绘书，是专门为英国桂冠诗人丁尼生的著名诗篇《白日梦》所设计的。

图 1-78《白日梦》

现代人对于免费的公共图书馆早已习以为常，而在西方，早期的图书馆不对公众开放，它仅限达官贵人使用。直到 18 世纪后，所谓的"流通图书馆"才开始盛行。流通图书馆指的是一些商行提供书籍在阅读者间流通阅读，但读者必须缴纳相当高的会员费，类似现在的租书店。图 1-79 这幅 19 世纪的图画，标题就是"流通图书馆"，那个全身上下由书构成的女人，象征着书籍会走动。

图 1-79 流通图书馆

英国伦敦的查灵歌斯路是著名的书街，街上除了连锁书店外，还有多样化的主题书店。其中最吸引人的则是一些专卖旧书的二手书店和古董书店（见图1-80）。

图1-80 查灵歌斯路二手书店和古董书店

《查灵歌斯路84号》一书有多种英文版本，包括英国版、美国版、精装本、平装本以及舞台剧的脚本等。所有版本的封面中，要数有着两个邮筒加邮戳图案的那款最让人印象深刻，英国与美国的版本是以此图为封面；封底的黑白照片很清楚，可以看出是查灵歌斯路84号的"马克士与科恩书店"（见图1-81）。

图1-81 《查灵歌斯路84号》的各种版本

已是三代经营的"史传德书店"，不仅是纽约市最大的二手书店，也是世界著名的文化地标之一。书店内外的标语都宣称店中拥有18英里（约29千米）长的书，许多摄影迷都喜欢到此取景（见图1-82）。

图1-82 史传德书店

6．数码时代的书籍设计艺术

进入20世纪80年代，计算机广泛运用于设计界，使书籍设计进入了一个技术革新的全新时代。各种设计软件的辅助和数字媒体技术的渗透，使得书籍从设计到出版发行各环节都发生了翻天覆地的变革（见图1-83）。

图1-83 《梦的实质》 设计：瓦莱丽·哈蒙德

1.4
发展中的书籍设计艺术

20 世纪以来，书籍设计与其他领域一样，受到新观念、新材料、新工艺的广泛渗透，书籍设计在形式上、功能上、材料上更趋多元化。

随着现代印刷工艺及材料科技的发展，每天蜂拥而至的信息不断地冲击着我们的思想，书籍的载体已经由传统的纸张转向布、竹片、皮革、塑料等非纸质材料。印刷工艺的不断翻新，如油印、石印、铅印、胶版彩印、影印以及静电复印等，在不断推创新书籍设计的概念。书籍设计者们不断地探索设计的创新性表现以及形态与神态的完美关系、阅读行为与设计技巧的关系、书籍设计与艺术观念表达的关系，设计出了形形色色的书。现代电子技术和激光技术的广泛应用，更是使书的形式发生了翻天覆地的变化，例如出现了会说话的书、能活动的书、立体的书，等等。当今出现的视盘书，是通过一种特殊的激光方法，把图像和声音录到视盘上，再把放映机接到电视机上收看；还原后的图像和声音，既可以显示物体的运动情况，也可以显示微妙的现象，例如原子核的破裂、物质分子的运动，等等。

1.4.1 概念书的设计

概念是人类对一个复杂过程或事物的理解，是抽象的、普遍的想法和观念。

比如对"书"这一概念，每个人都有不同的解释，这为书籍设计提供了无限宽广的创意发挥空间。从中国书籍形态发展的历史来看，书籍设计的形态经历了从竹简到卷轴再到线装书的巨大变化，每一种形态都为书提供了一种概念上的诠释。概念书的设计是书籍设计中的一种探索性行为。现代艺术家和设计师将书的概念扩大，创造出具有试验性的艺术作品或设计作品。它强调独

特的个性和前卫理论的运用。最为突出的就是观念的突破，设计师们在吸收传统设计优点的同时，大胆运用现代设计理论，以新的视觉、新的观念和新的设计方式不断提升书籍的审美功能与文化品位，使书籍的设计更加主动、鲜活起来，更加富有新意。它改变了人们对书籍艺术的审美和对书籍的阅读习惯及接受程度，从关注书籍的形态而变为关注书籍的本质内涵。它利用不同的材料及各种特殊印刷、手工制作工艺等，为未来的书籍设计带来了重要的启示。它可以激发设计师的创造力，也可以启示未来书籍的设计理论，甚至促进书籍设计印制工艺技术的发展。

概念形态的设计为书籍艺术提供了一种新的思维方式和各种可能性。概念书籍的创意与表现可以从它的构思、写作到版式设计、封面设计、形态、材质、印刷直至发行销售等环节入手；可以运用各种设计元素，并尝试组合使用多种设计语言；可以是对新材料和新工艺的尝试；可以采用异化的形态，提出新的阅读方式与信息传播接受方式；可以是对现代生活中主流思想的解读和异化；可以是对现有书籍设计的评判与改进；也可以是对过去的纪念或是对未来的想象；还可以是对书籍新功能的开发。在概念书籍的设计中，无论是规格、材质、色彩还是开合方式、空间构造等，都没有严格的规定或限制。因此，要求设计师必须有熟练的专业技巧、超前的设计理念，同时还必须有良好的洞察能力，需要站在更高的视点上。书籍设计大胆的创意、新奇的构思往往能给人留下非常深刻的印象，有些书籍的形态超乎想象，这种概念书籍的特别之处在于它的外在形态与材质。

材料的可塑性为书籍形态的隐性空间结构的设计提供了可能，也给书籍的造型带来了可发

挥想象的空间。概念书籍的材料选择十分丰富。它既可以是生产加工的原材料，如金属、石块、木材、皮革、塑料、纸、蜡、玻璃、天然纤维和化学纤维等，也可以是工业生产加工后的现成用品，如印刷品、旧光盘、照片的底片、布料以及各种生活用品等，还可以通过各种实验来创造新的材料，如打破常规利用废弃的材料，使之构成新的材料语言，产生新的观念和精神（见图 1-84～图 1-87）。

图 1-84 概念书

图 1-85 山东工艺美术学校实验书籍

图 1-86 Half-DOZEN 2006

图 1-87 "被绑架式"的概念书设计

图 1-88 展示的是在 2004 年"国际吃书节"上的作品，它用饼干烘焙出一个故事。作品色彩协调，造型生动，跟真实的绘本几乎没有两样。

图 1-88 能吃的书

书籍作为艺术创作的题材与媒介，可以产生诸多的可能性。其造型不仅具备审美功能，还可反映出创作者的政治或社会意识。这本以铁钉穿刺、绳索捆绑、无法翻阅的书被命名为"禁书"，是艺术家 Barton Lidice Benes 的杰作（见图1-89）。

图 1-89 禁书

这个由门德斯制作的火腿片"笔记本"，让人看了忍不住想翻开来在上面涂抹一番，然后一口下肚（见图1-90）。

图 1-90（左）火腿书　　（右）蛋糕书

由黑尼斯制作的蛋糕书虽然美丽，但却不能持久，因此对于它将被肢解入肚，大家不必觉得心痛（见图1-90）。

芝加哥的海伦·海沃特（Hellen Highwater）以最简单的素材——面包，做出了简单造型的"书"（见图1-91）。

图 1-91（左）　面包书　　（右）　你能看出右图这个由克雷格（Melissa Jay Craig）制作的螺旋装订书是由什么材料构成的吗？

图 1-92 能吃的书　设计：崔允祯

留学生崔允祯以可食的材质如粉皮、海带、饼干、意大利面、茯苓饼和巧克力等做成一本本出人意料的书，并根据每一种材质编写了食用的方法和营养成分，让读者通过感官的视、触、听、嗅、味直接感受该书的主题内容（见图1-92）。这是一种概念书，也许未来可能还会发明出可食用的油墨，那时，书真的可以吃了。

概念书籍集创意性、趣味性、时代性于一体，从书籍的结构、材料、印刷和阅读方式等方面打破了传统，给读者以意想不到的创意点和崭新的视觉表现，它是对未来书籍形态的探索和尝试（见图1-93）。

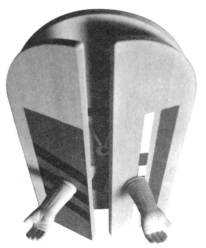

图 1-93 《FLEETING TIME》概念书设计

1.4.2 电子书的设计

进入 21 世纪以来，随着互联网和现代通信电子技术的发展，书籍电子化的脚步加快。海量的信息容纳空间，轻薄、便携的阅读终端等一系列新技术、新设备的涌现，预示着全新的阅读时代的到来。电子书籍在继承传统书籍功能的同时，已经摆脱了材料的束缚，形成了独具特征的一种全新的传播媒介。计算机与上网观念的普及，为电子书的发展奠定了基础。

新闻出版总署将电子书定义为：将文字、图片、声音、影像等信息内容数字化的出版物及植入或下载数字化文字、图片、声音、影像等信息内容的集存储介质和显示终端于一体的手持阅读器。电子书利用其丰富的多媒体信息和良好的互动性，能有效避免传统书籍只有静态的文字和图片的单一性，集多种感官刺激于一体，调动了读者的积极性，具有在移动设备上的阅读便利性，方便与人分享的优势，储存容量大，无纸化传播，复合绿色环保要求等优势，被认为是书籍未来发展趋势。

电子书作为一种新型的阅读媒介，和传统纸媒阅读形式与出版都有很大的区别，它主要依赖于网络设备采用二进制码以数字化结构的多元化形式来传播信息。目前，市面上的电子书一般有两种，一种指专门阅读电子书的掌上阅读器，另一种指 E-BOOK。

电子掌上阅读器是一种便携式的手持电子设备，专为阅读电子图书设计。E-BOOK 是将书的内容制作成电子版后，以传统纸制书籍 1/3~1/2 的价格在网上出售。

电子书籍和传统书籍相比，也需要经过栏目创意、素材加工收集、文案撰稿、版面设计等几个阶段，在内容上和传统书籍一脉相承。但是电子书籍设计已经舍弃了对于纸张、印刷、装订和材料的设计需求，而诸如封面、版式、色彩、文字设计等要素仍保留，并加入了数字化图形图像设计、交互设计、声音设计等（见图 1-94、图

1-95）。

图 1-94 电子书籍 1

图 1-95 电子书籍 2

电子书籍经常使用的电子书籍制作工具主要有 iebook、Zmaker 杂志制作大师、PChome 电子杂志制作工具、COOZINE（XBOOKSKY）、Portable Scribus1.3.5.0 等，每一个软件都有其各自与众不同的特点。

1. iebook

iebook 超级精灵是首家融入互联网终端、手机移动终端和数字电视终端，三维整合传播体系的专业电子杂志制作推广系统。软件使用者通过更改图文、视频既可实现页面设计，自由组合，呈现良好的制作效果；操作简单方便，可协助软件使用者轻松制作出集高清视频、音频、flash 动画、图文等多媒体效果于一体的电子杂志。

2. Zmaker 杂志制作大师

Zmaker 是比较专业的电子杂志制作软件，

这个软件涉及一些小的编程，同时拥有许多模板可用。其优势是不局限于模板的限制，比较专业。但是，对于学者来说难度较大。

3. PChome 电子杂志制作工具

PChome 具有耳目一新的操作界面，简约设计风格，突出软件界面空间的利用。类似视窗系统的操作界面风格更符合用户习惯，其操作简单易学，能让用户迅速掌握并使用。

4. COOZINE（XBOOKSKY）

COOZINE 基于 flash 技术，是实现在线和离线阅读电子杂志、电子图书的核心。它应用在需要从 PDF 文件或者 JPEG 文件源制作的电子杂志的情况，同时提供一些协助处理工具软件，方便批量处理。COOZINE 与目前几类电子杂志软件不同，它把阅读以及低成本批量制作作为首要追求目标。

5. Portable Scribus 1.3.5.0

Portable Scribus 是一款类似于 Adobe Pagemaker 的开源电子杂志制作软件，可以用来制作个人文件、邮件列表、电子杂志类型的电子文档。它体积很小，可以放在 U 盘里，只需要插入相应的电脑就可以使用。

电子书媒体的崛起不停地冲击着纸媒市场，在激烈的社会竞争中，人们阅读纸媒的时间越来越少，电子书出版的版权消费成本等问题是未来发展过程中亟待解决的问题。

面对多元阅读的新世纪，尽管书籍的载体及形态发生着巨大的改变，但在当前及未来相当长的时间内，以纸张为基本材料，以印刷技术为实现手段的书籍在书籍市场中仍占主导地位，本书论及的内容也将针对这类书籍而展开。

1.4.3 新材料、新工艺、新创意的渗透

现代出现的很多新兴材料都是前人根本想象不到的，这些材料有别于传统的纸张，也带来了新的挑战，将商品个性化的需求带到前所未有的高度，激发出一些有趣的发明，为封面、封套和类似物品赋予个性风格也就有了无穷的可能性。

现代人们在装饰各类书籍或为其赋予个人风格时会自发地采用新的艺术处理技法，无论这些书籍是商用、自用或贩售，都具有相当独特的外观。20 世纪还有其他艺术技法也能作为现代装帧工艺的灵感来源，比如很多当代艺术家使用的混合材料技法。再有很多书籍艺术作品俨然艺术品一样，崇尚个人主义而非遵循特定的风格或运动，其实，这些行为都是对工业制造和大批量生产的反叛。对于现代书籍设计者而言，能游刃于艺术和技术之间进行书籍设计，才能创作出极具生命力的作品。

21 世纪的艺术提供了很多新范例和新风格，绝对值得与古典艺术并列为创作时的灵感来源。伴随新材料、新工艺的出现，设计师更应突破传统的设计理念，设计师更可以充分利用这些新科技从而设计出更加新颖、独特的书籍（见图 1-96~图 1-110）。

图 1-96 Matterborn 1977-78

图 1-97 Stones Sorrow 1991

图 1-98 A Vision 1992

图 1-99 Spring 1993

图 1-100 How to attract dirds 1995

图 1-101 The Mexican Dog-Tosser 1995

图 1-102 Litolattine 1998

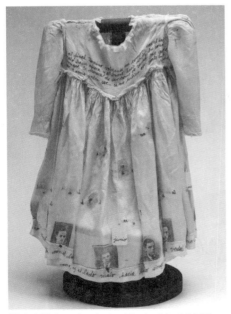

图 1-103 Los dos lados(Both sides) 1998

图 1-104 Dinner with Mr Dewey 2001-2002

　　本书在审美与功能，艺术与物化等方面进行了实验性的探索，寻找出书籍美学所要表达的可能性。

图 1-105 Wrist Book 2000

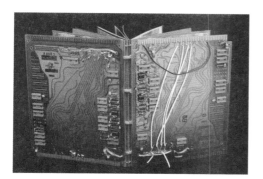

图 1-106 书籍的创意 And Now,Your Forecast 2001

图 1-107 Woman of Substance 2004

图 1-108 书籍的创意

图 1-109 Pentimento Artyping #2 2004

　　书籍设计全面颠覆了装帧的装饰概念，通过不同的材质，演绎出别有洞天的阅读形态。

图 1-110 Teatimes 2005

　　书籍设计造型和神态共同塑造出书籍出人意料的视觉效果。

　　香港设计师廖洁莲曾说道："书的形态有很多种，不同需求的读者配合不同形态的书，有些是实用的，有些是实验性的……书籍的形态赋予它跟它的读者去配合的一种逻辑……"道出了书籍设计的无限可能性。

思考题

1．在中国传统书籍发展史中，有哪些是你最感兴趣的装帧形态？收集现代书籍设计作品中运用这些装帧形态的若干案例。

2．试分析莫里斯时期的书籍设计艺术作品的特点，谈谈它对现代书籍设计艺术的借鉴和影响。

3．德国古登堡时期的印刷技术对今天印刷技术的影响有哪些？

4．请分组探讨纸质书籍未来发展的趋势。

第二章　书籍的整体设计

2.1
书籍视觉传达设计
的四大要素

2.1.1 书籍文字设计

张守义和刘丰杰在《插图艺术欣赏》一书中云："书籍的基础是文字，文字是一种信息载体，书籍则是文字的载体，它们共同记录着人类文明的成果，从而传递知识和信息。"

文字是一种书写符号，也是构成书籍的第一要素。它既是体现书籍内容的信息载体，又是具有视觉识别特征的符号系统；不仅能够表意，还通过视觉方式传达信息，表达情感。文字的设计是书籍设计过程的重要环节。

设计师应把文字作为书籍设计的重要构成元素，要具有鲜明的特色与风格。通过不同字体的选择来引导读者阅读是一种理想的设计方式。文字本身也是一种艺术形式，无论汉字还是英文，都有俊秀、浑厚、奔放、柔和等各种风格。通过采用适应书籍的内容和风格的字体可控制读者阅读的舒适方向感和精密感。

1. 文字类型及特点

文字是书籍设计的最基本的元素，它在书籍内容中占了绝大部分，字体的任务是使文字能够阅读。字形在被阅读时往往不被人注意，但它的美感不仅随着视线在字里行间的移动过程中产生直接的心理反应，而且在阅读的间隙和翻页时起着作用。每本书不一定限用一种字体，但原则上以一种字体为主，其他字体为辅，在同一版面上通常只用二至三种字体。

书籍设计中文字的类型分为：印刷字体，书法艺术字体和变体字体。

（1）印刷字体

常用的中文印刷字体有黑体、宋体、楷体、仿宋体等。

黑体，结构紧密，朴素大方。其特点单纯明快，强烈醒目，具有现代感，多用于书名及内文标题、小标题，或需强调的文字（见图 2-1）。

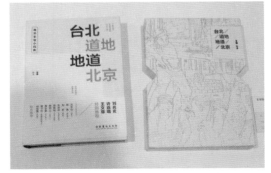

图 2-1 《台北道地 地道北京》 设计：杨林青

杨林青 : Cs 品牌策划机构首席视觉平面设计师，北京杨林青工作室艺术总监，法国国家高等装饰艺术学院 ENSAD 研究生 ,Edition-presse 出版物编辑。作品曾多次获得"中国最美的书"奖。

宋体,笔画刚柔并存,端庄大方,棱角分明,横细竖粗、对比鲜明,在阅读性、印刷效果美学方面都表现出了优越性,常用于正文(见图2-2)。

图 2-2 《把我埋在墙角下》封面设计

仿宋体,笔画隽秀清丽,精巧典雅,一般用于前言、引文、后记、注解、古籍、诗歌、说明、注释,等等(见图2-3)。

图 2-3 《上学记》

楷体,结构平直、规矩、严谨,其特点是字形古朴高雅,清秀挺拔(见图2-4)。

图 2-4 《少女学》

中文印刷字体易读性顺序为:宋、楷、仿宋、黑。

常见的英文印刷字体有罗马体、方饰线体和无饰线体等。

罗马体,字体秀丽、高雅,与汉字的宋体结构相似。其特点是线条粗细差别不大,字脚成圆弧状,多用于正文(见图2-5)。

图 2-5 IBM Design 封面设计

方饰线体,出现在19世纪,早期主要运用在巴黎街头的广告,其特征是:线条粗重,字形方正,字脚饰线呈短棒状,字形沉实坚挺,视觉效果醒目而突出,常用于标题(见图2-6)。

ABCDE

图 2-6 方饰线体字母

无饰线体，也叫现代自由体。笔画粗细一致，字脚无任何装饰，简洁、庄重、大方，具有现代感，常用于标题（见图 2-7）。

图 2-7 《格特·冯德里希》 德国

（2）书法艺术字体

书法艺术字体是把书法艺术和美术字创作技巧糅合成一体的字体，属于手写体范畴。拉丁文手写体常见的有哥特体、花体等。这类字体线条和字形结构充分体现个性化气质，具有强烈的艺术感染力和鲜明的民族特色。此字体常用于标题或书名（见图 2-8）。

图 2-8 书法艺术字 《柳萌狂草李白诗卷》　设计：姜嵩 毛晓剑

（3）变体字体

这是将基本字体经过艺术化处理变化而成的字体（见图 2-9）。

图 2-9 《会唱歌的星星》书名设计　设计：小马哥 + 橙子

小马哥 （马惠敏）：中国青年出版社美术编辑；橙子（郭成城）：北京书籍设计师。两人多次获得"中国最美的书"和"世界最美的书"奖，其设计理念现代、前卫，与国际趋势高度一致，反映出我国书籍设计界的未来趋势。

2．书籍文字的运用原则

书籍文字运用必须遵循"以变化求生动，以和谐出美感"的原则。

第一，一本书中，正文、目录、引文、注文等有区别地使用不同的字体与字级才会使版面生动活泼。

第二，一本书中，同一性质的文字，不能选择两种以上的字级、字体；注释、图表用字不能超过正文用字的字体；各级标题用字的字级，必须符合大小有序的规则，等等。

第三，标题一般不宜采用过于潦草或过于怪异难认的字体。短小的文字内容不宜采用粗壮、浓黑的字体等。

第四，简单的直线和弧线组成的字体给人以柔和、平静之感；漂亮而优雅的"花体字"，具有皇家贵族的高贵感觉；圆润、较粗的字体则显得有些卡通感，等等。字体的选择在设计师眼里往往是理解与直觉相结合，这种直觉取决于经验的积累。

文字的字体、字号、粗细、行距、字距的选择不同，在版式设计中形成的面的明度也有所不同，由此决定版式构成中黑白灰的整体布局。文字之间的字形大小变化和字体种类选择，使文字的设计反映出内容的因素，让读者从中品味出书籍的精神与内涵。

2.1.2 书籍版式设计

版式设计既是书籍设计的重要内容，也是一种实用性很强的设计艺术，主要是以传达某种思想或认知为目的，因而和其他的报纸、海报、网页等设计种类相比，内容上更具持久性。

书籍的版式设计是指在一种既定的开本上，把书稿的结构层次、文字、图表等方面做艺术而又科学的处理，是书籍正文的全部格式设计，使书籍内部的各个组成部分的结构形式，既能与书籍的开本、装订、封面等外部形式协调，又能给读者提供阅读上的方便和视觉享受，所以说版式设计是书籍设计的核心部分。

一本书的版式取决于页面高度与宽度的比例关系。不同开本的书籍也可能采用相同的版式。按照惯例，书籍通常是根据下面三种版式作设计：页面高度大于宽度的（直立型）、页面宽度大于高度的（横展型），以及高度与宽度均等的（正方型）。

书籍并非是瞬间静止的凝固体，所以在书籍内容传达的过程中要注意版式的视觉流程设计。视觉流程是一种视觉空间的运动，是视线随着各种视觉元素在一定空间沿着一定的轨迹运动的过程。视觉流程主要在于引导视线随着设计元素有序、清晰、流畅地完成设计本身信息传达的功能。一本优秀的书籍设计应包含时间和空间两个方面，它们是贯穿书籍始终的一条脉络，是肉眼无法看到的。设计师需要把这肉眼所看不到的脉络转化为图形或形象化的语言展现在读者面前。因此，设计师需要利用版式中的各个组成部分相互联系、相互作用，创造出一个理性且富有设计情感的视觉环境，主观控制设计的内容与形式的相关联的各种元素，重新组合，使其脉络清晰，具有整体感（见图2-10）。

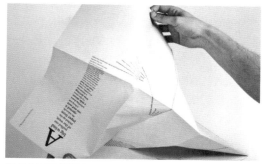

图 2-10 版式设计

不管在中国还是在外国，书籍版式设计都是有章可循的。从现存的资料来看，中国最早的文字是甲骨文。甲骨文是单个的方块字，排列顺序从上而下，从右向左读，形成中国传统书籍的排版方式，直到清朝末年的线装书，可谓历史悠久，源远流长。现在出版的书籍，绝大多数采用横排，横排的字序从左向右，行序自上而下，横排形式适宜于人们眼睛的生理结构，便于阅读（见图2-11）。

图 2-11 杉浦康平版式设计作品

1. 书籍版式设计的风格
（1）中外古典版式设计
①中国古典版式设计
中国古典版式设计有着深厚的传统文化底

蕴，历史悠久，样式多样。为后人对书写材料乃至新型版式的探索提供了历史传承的依据。

古典书籍装帧的版式设计最根本的任务是为读者提供阅读上的美感和视觉寻找上的方便。

自明代起，中国的文人喜好在书籍的天头地脚间书写心得，加注批语。故而线装书的形式大多具有版心小，天头、地脚大的特点，尤其是天头之大更是如此。直接在书上进行批注圈点已是明代文人的时尚，似乎不在书上注解、批释，一本书的版面就不够完整。当这种批注形式出现之后，版面形态便发生了变化，成为中国古籍版面编排的一大特色。古人的这种治学读书方式，为中国古典版面形态的形成创造了一个独特的艺术形式，它在世界古典版面编排史上独树一帜（图2-12）。

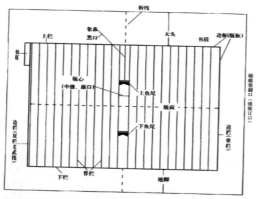

图2-12 中国古代雕版书页的基本版式

主要图注解释：

书口：蝴蝶装翻口，线装订口。

书耳：又称"耳格""耳子"，是指刻在版框左栏外上角的一个小长方格。书耳内多刻有本书的篇名（小题），称耳题，因当时书册装订形式为蝴蝶装，在左栏外记篇名，便于检索。

界栏：又称"界格""行线"或"行栏"，唐代称作"边准"，宋代称作"解行"，是指版框内字行之间分界线。印本书的界行是从古写本演变而来。后世抄写的书，边栏和界行有以所印颜色区分者，如乌丝栏（墨格）、朱丝栏（红格）、蓝格、绿格等。

版心：也叫"中缝"，即包背装和线装书的书口，指每张书页的正中折缝处，某些版本在此刻有书名、卷次、页次、字数和刻工姓名。

象鼻：是版心上下边栏至上下鱼尾之间的两个部分。因其中印有黑线与否而出现白口、黑口、花口等称谓。大约宋版书多白口或小黑口，元版书多大黑口。

鱼尾：版心中缝处如【】形记号，形似鱼尾，故称"鱼尾"。为折叠书页的标号，黑的称黑鱼尾，白的称白鱼尾，双股线的称线鱼尾，作花瓣状的称花鱼尾，只刻一个的称单鱼尾，刻两个称双鱼尾。

②欧洲古典版式设计

自五百多年前，德国人古登堡确定的欧洲书籍艺术以来，至今仍处于主要地位的是古典版式设计。这是一种以订口为轴心左右页对称的形式（见图2-13），内文版式有严格的限定，字距、行距有统一的尺寸标准，天头、地脚、内外白边均按照一定的比例关系组成一个保护性的区域。文字油墨的深浅和嵌入版心内图片的黑白关系都有严格的对应标准。

现代书籍的版式设计在图文处理和编排方面，大量运用计算机软件来进行综合处理，也出现了更多新的表现语言，极大地促进了版式设计的发展，如图2-13~图2-16所示。

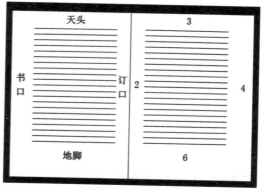

注：图中数字代表书页白边的尺寸比例值。

图2-13 一般的版心

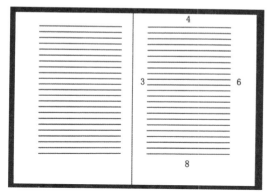

图 2-14 英国式版心

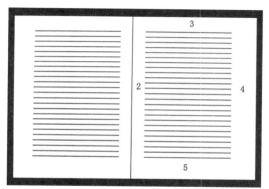

图 2-15 密排式版心

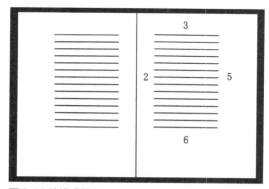

图 2-16 疏排式版心

（2）网格版式设计

网格设计产生于 20 世纪初。第二次世界大战爆发后，大量设计家逃亡至瑞士，并将最新的设计思想和技术带到了这个国家。网格设计理论在 20 世纪 50 年代得到了完善，其特点在于：

运用数学的比例关系，通过严格的计算，把版心划分为无数统一尺寸的网格，将版心的高和宽分为一栏、两栏、三栏以及更多的栏，由此规定了一定的标准尺寸，运用这个标准尺寸控制和安排文本和图片，使版面形成有节奏的组合效果。

版式决定了书页的外缘形状，网格则是用来界定页面的内部区块，编排则决定了元素的位置。运用网格进行编排可让整本书的进行过程产生一致性，让整体样貌显得有条不紊。运用网格规划页面的设计者相信：视觉的连贯性可以让读者更加专注于内容，而不是形式。页面上的任何一个内容元素，不论是文字，还是图像，和其他所有元素都会产生视觉联系，网格则能提供一套整合这些视觉联系的机制。

目前，某些设计者仍持续沿用中世纪以来的传统，也有一些设计者偏好采用 20 世纪 20 年代由现代派设计家们开发的其他技法。基本的网格体系可以规划页面留白的大小、印刷区域的形状，行文栏的数量、长度与高度，以及栏间距离。更精密的网格体系则能够制定行文字所需的基线，甚至决定图片的形状以及标题、页码和注脚的位置。

①几何网络

许多早期印本书规划网格架构时并不参照实际的度量单位，而往往遵循几何原则。15 世纪、16 世纪时，欧洲还没有统一的度量衡，量尺（measuring stick）也尚未发展成熟，当时铸造铅字，字级大小皆由个别的印刷坊自行决定。

②维拉尔·德·奥涅库尔氏的页面规划法

古代建筑师维拉尔·德·奥涅库尔氏自创了一种依据几何原则划分空间的方法，它可以将任何一款页面版式进行一步细化。这种方法是将页面的高与宽各自划分为 9 等份，进而将页面划分为 81 个与原版式行文区块形状相同的小单位，而每个小单位的形状皆与原版式、行文区块形状相同。留白的大小则取决于小单位的宽度与高度，这种九九划分法也同样适用于横式版面（见图 2-17）。

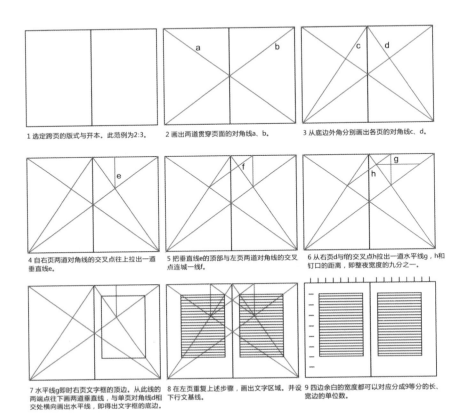

1 选定跨页的版式与开本。此范例为2:3。

2 画出两道贯穿页面的对角线a、b。

3 从底边外角分别画出各页的对角线c、d。

4 自右页两道对角线的交叉点往上拉出一道垂直线e。

5 把垂直线e的顶部与左页两道对角线的交叉点连成一线f。

6 从右页d与f的交叉点h拉出一道水平线g，h和钉口的距离，即整夜宽度的九分之一。

7 水平线g即时右页文字框的顶边。从此线的两端点往下画两道垂直线，与单页对角线d相交处横向画出水平线，即得出文字框的底边。

8 在左页重复上述步骤，画出文字区域。并设下行文基线。

9 四边余白的宽度都可以对应成9等分的长、宽边的单位数。

图 2-17 维拉尔·德·奥涅库尔氏版心划分法

　　以下页面的划分方式并非基于实际量测，而是根据几何原则来划分。画这种图只需运用直线而不必借助附刻度的尺。这种分页法发展于 13 世纪初（见图 2-18 ）。

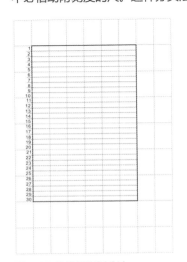

图 2-18 几何原则划分法

③依据度量单位规划网格

　　17 世纪到 18 世纪间，由于铸造活字的级数测定单位已进入标准化，发展出了比例级数／横矩级数网格建构法，运用这种方法建构的网格可以比较灵活地满足内容要求（见图 2-19 ）。

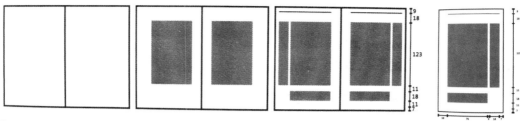

图 2-19 依据度量单位规划网格

④现代派网格。

20 世纪，受现代派思维的影响，产生了现代派网格。许多艺术家、设计师普遍认为传统的网格体系和编排手法已经不能满足现代信息传递的需要了，扬·奇科尔德、穆勤·布鲁克等人开始提出一些前卫、理性、新奇的现代派网格设计理念和技法。其最大优点是：对页面的规划和分割更为细致，可以适应更多的内容和设计。

现代派网格（以 Indesign 软件为例），设计步骤如下：

第一，选定版式（横式或竖式）开本大小；

第二，确定行文区块，并大致划定留白宽度；

第三，根据内容确定栏位数，并依据栏位数初步确定版心位置和栏间距；

第四，大致划分出均等的网格区，注意留出间隔；

第五，确定字体级数和行距大小，并据此修正之前大致设定的网格；

第六，将水平的基线网格与垂直的栏位叠加在一起；

最后，基本网格建好后，进一步考虑包括标题、图注、页码、脚注、标示、注解等的设置（见图 2-20 ）。

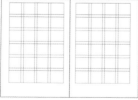

1.选定版式(直立型或横展型)与开本大小，此范例采用公制的A度规格。

2.粗略划定余白宽度，并依据内容定行文区块（青色线框）。

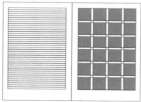

3.依照欧排列行文的栏位数，初步定出版心位置，并画出栏间。

4.大致划分出均等的图格区，并空出间隔。

5.确定字体级数与行距大小，据此进一步修正之前粗略设定的网格（右页黑的黑色线框）。此范例中，每一栏分为6个图格，每栏41行。栏内的行数（41）除以图格数（6）减去图格与图格之间的5行（被称之为"空行"）。41行减5空行等于36行，36行除以6图格等于每图格6行。这样就可以把所有的余白考虑进去。

6.水平的基线网格与垂直的栏位叠在一起（以青色标示）。第一行的上缘靠齐图格的最上方，栏位下缘则靠齐最后一个图格的底部。这种让基线一致对应图格的编排方式，可以在行文中同时使用不同级数的字体。

图 2-20 现代派网格

（3）自由版式设计（不设置网格的书籍）

自由版式的雏形源于未来主义运动，大部分未来主义平面作品都是由未来主义的艺术家或者诗人创作。他们主张作品的语言不受任何限制而随意组合，版面及版面的内容都应该无拘无束，自由编排，其特点是主要利用文学做基本材料组成视觉结构，强调韵律和视觉效果。自由版式设计同样要按照不同的书籍内容赋予它合适的外观。

许多童话绘本设计时并不运用网格。一旦确定了版式和内容，负责绘制图像的人便会依照页面的形状比例绘制插图或进行设计，为所有元素安排构图。至于文字部分（不论是手写体或排印字），往往是配合插画安插位置，而不遵循任何网格架构。不管内文采用印刷体或是手写体，其基线、字间都与图像结合，当成是图像本身的一部分来处理（见图2-21）。

图2-21 书籍版式 设计：张国伟

在当今数字科技时代，输入、排版已不再像过去那样非全面依赖几何网格不可。数字科技改善了1455年古腾堡发明活字印刷术时依赖存在已久的文字、图像之间无法相容的问题。中世纪书法家笔下的手写字体总是字字不同，可以写得行云流水、龙飞凤舞；为了方便排字，现今的印刷体则是笔画统一，但是要排成自由自在的图形或恪守工整的网格都不成问题。

2. 书籍版式设计的分类

文字、图形、色彩在版式设计中是三个密切相联的表现要素，就视觉语言的表现风格而言，图文配合的版式排列各种各样，一般有以下几种类型。

（1）以文字为主的版式

以下将从页面元素较少，只有简单行文的版面开始，逐次说明各种编排手法。对于页面编排，所遵循的原则是：在文字阅读的顺畅性与版面构图的美感（这两者正是页面编排的要点，同时也是构成完整跨页画面的元素）之间，努力寻找平衡点。多方面参考各种不同类型书籍的典型编排方式，可以让我们更了解某些出版习惯何以长期受到广泛采用，其中许多都基于一项功能性前提：方便读者迅速获知内容（见图2-22~图2-24）。

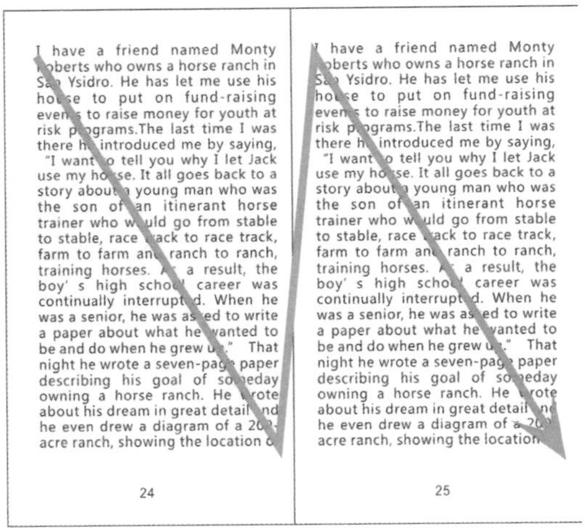

I have a friend named Monty Roberts who owns a horse ranch in San Ysidro. He has let me use his house to put on fund-raising events to raise money for youth at risk programs.The last time I was there he introduced me by saying, "I want to tell you why I let Jack use my horse. It all goes back to a story about a young man who was the son of an itinerant horse trainer who would go from stable to stable, race track to race track, farm to farm and ranch to ranch, training horses. As a result, the boy's high school career was continually interrupted. When he was a senior, he was asked to write a paper about what he wanted to be and do when he grew up." That night he wrote a seven-page paper describing his goal of someday owning a horse ranch. He wrote about his dream in great detail and he even drew a diagram of a 20-acre ranch, showing the location of

24　　　　　25

图2-22 连续行文的编排

小说很少包含图片，设计时自然以文字易读为首要考虑。一旦设定好版式、网格、余白范围，还有版面上各项编排元素的属性，设计者便可将文字排进网格。行文自左至右、从上而下逐栏排列。阅读内容的过程应显得平顺、绵延不间断；栏位内包含的各个文字段落，也要能够一眼察觉。

同样地，读者每翻开一页，应能马上看到文稿中的各个段标。在对称页面上，行文沿着一道由下而上的对称线（即订口），从左页往右页流动。不对称页面的编排也与此雷同。但不管是右页或是左页，旁注与内文的相对位置应始终保持一致。

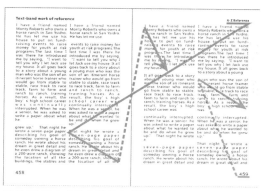

图 2-23 以文字为主的参考书籍

纯文字的参考类（如辞典、百科全书、字典等）或用列表形式呈现内容的工具书，通常会依照作者、编辑或者设定的某种分类原则循序排列。对于这种书籍，设计者的任务是确保书籍的设计足以呼应文稿的架构，并且能让读者便于使用。以参考书籍来说，视觉阶层要足以识别、彰显、呼应文字内容的阶层关系。范例中的行文排成两栏，红色曲线显示读者阅读一本以字母序编排的参考书，查找特定条目的正常程序。先利用页眉翻查、锁定页面，瞄一眼页面右上角的页眉，在页面中寻觅欲查找的条目，再进一步详读该段文字。

青色曲线则代表翻查一本不是以字母排序的工具书，或是经由目次或引索进行检索的视觉动线。辞典通常都是以索引为检索路径：先从索引查出特定页面，然后再列出条目。某些以字母序编排的参考工具书，则可能会像上图的范例一样，同时拥有两种检索系统。

图 2-24 以图辅文

一本以大量文字为主题、只包含极少量图像的书籍（如人物传记或历史书），设计的关键是要先设想怎样的阅读顺序最能让读者理解内容。为了加强图、文之间的关系，可以将图片的位置直接放在对照文字所在的文字栏之后。如果图片比参照文字内容更早出现，读者可能会摸不着头绪。

几种简单的应变办法：将该幅图片置于该页的顶端或底端；利用左右余白空间，将图片与参照文字比肩放置；另以单页或跨页呈现图片。虽然上图范例是不对称网格，但对称网格也可以比照处理。

以文字为主要视觉要素，在设计时是要考虑到版式的空间强化，通过将文字分栏、群组、分离、色彩组合、重叠等变化来形成美感，适应于理论文集、工具书等（见图 2-25）。

图 2-25 以文字为主的版式——《东京日记》版式设计

（2）以图片为主的版式

以图片为主要视觉要素的版式，图片的处理方法有：方形图、出血图、退底图、化网图等。所以在设计时要注意区分图片的代表性和主次性。

方形图是图片的自然形式。

出血图即图片充满整个版面而不露出边框的形式。

退底图是设计者根据版面内容的需要，将图片中精选的部分沿边缘裁切而成的形式。

化网图是利用软件减少图片层次的一种形式。

以图片为主的版式主要出现在儿童书籍、画册和摄影集等书籍。版式设计应注意整个书籍视觉上的节奏感，把握整体关系（见图 2-26~ 图 2-28 ）。

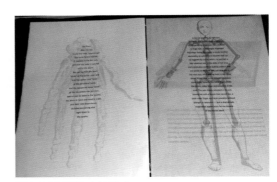

图 2-26 以图为主的版式

以图片为主的书籍可能包含许多元素，这类书籍的跨页版面复杂度与其中的阅读动线都受设计者编排的影响。设计者必须尽力在页面上营造视觉焦点，引导读者进入跨页版面，就像观赏一幅画一样，各次要的图片则是用来衬托出主要的视觉焦点。

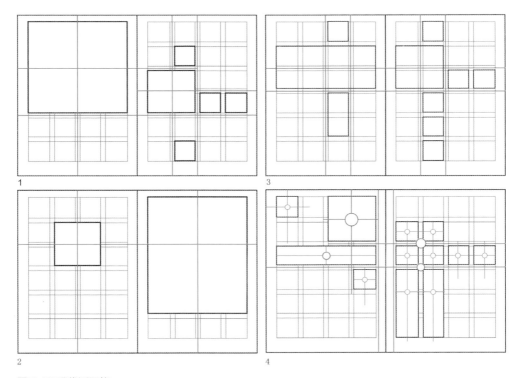

图 2-27 现代派网格

现代派网格除了用来辅助统合文字与图像的编排之外，也允许每幅页面在一定的架构下各自呈现不一样的独特性。由于图格受到基线的规限，行文与图片可以整齐地排列。文字与图片组合与网格紧密相系。因宽度相同的垂直格与水平基线，每一页，乃至整本书，区隔各元素的空白间隔都能保持固定。网格体系虽然严整地规限了空间，却仍可支持数百种不同的编排手法。

　　这四幅范例展示集中使用相同网格下的不同版面编排。主要与次要的对齐线以红色表示。

图 1. 使用三种不同大小的图框，但是右页的文字与图片区域是左页的一半。图 2. 使用大小对比的形状居中置图。图 3. 用了四种形状但有两道沿订口相互对称的主要对齐轴线，不过两页的编排并没有对称。图 4. 使用四种形状和不对称编排。圆圈代表视觉焦点的轻重等级，其中有的焦点落在图片正中央，有的则落在图片与图片之间。

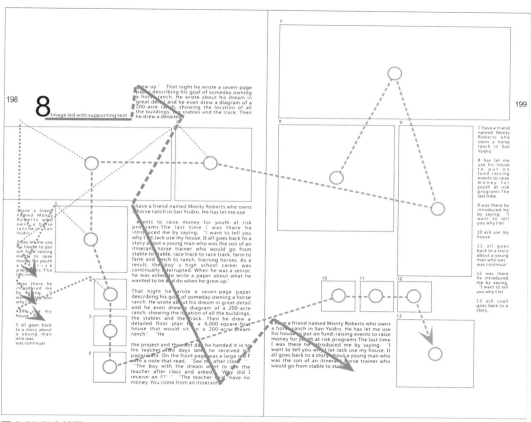

图 2-28 以文辅图

　　观赏以图版为主的书，读者事先会先被页面上的图片吸引，文字则扮演陪衬角色。最重要的视觉联系皆建立在各图像相互的关系上。阅读者按照其页面上呈现的先后顺序串联各幅图像，铺陈出一段有头有尾的咨询内容，或者，让图像自然形成某个主题。图片的顺序、大小以及裁切方式都会影响信息内容与页面的视觉动能。格式严密的现代派网格，都会限制图像的形状与大小，因为所有的图片都必须顺应网格。只要运用对齐功能，设计者便可以在页面上安排图片的次序，并且统一各个原本完全不相干的图像的形状与大小。如果设计者想合并一组不同形状的相片或图画，运用对齐并控制尺寸，确保每幅图片置入页面时都不必裁切。

（3）图文并重的版式

图文并茂的书，一般图片需要很强的视觉冲击力并且占据了绝对的视觉作用，有时图片的质量直接影响到版面的效果。图片可以根据构图需要而夸张地放大，甚至可以跨页排列和出血处理。这样使版面更加生动活泼，给人的观感带来舒展感。版式中的文字排列也要符合人体工学，过长的字行会给阅读带来疲惫感，降低阅读速度。

图片和文字并重的版式，可以根据要求，采用图文分割、对比、混合的形式进行设计。设计时应注意版面空间的强化以及疏密节奏的分割。适应于文艺类、经济类、科普类、生活类等书籍。

现代书籍的版式设计在图文处理和编排方面大量运用电脑软件来进行综合处理，带来许多便利，也出现了更多新的语言，极大地促进了版式设计的发展（见图 2-29）。

图 2-29 《艺术工学》版式设计：杉浦康平

3. 书籍版式设计术语
（1）文字字号

文字字号指印刷字体的大小级别。

号数制：初号、一号、二号、三号、四号、五号，小五号等。

点数制（世界通用）：点的单位长度为 0.35 毫米，如五号字为 10.5 点（P）。

级数制（照排时代）："级"的单位长度为 0.25 毫米，级数制采用的规格尺寸与号数制、点

数制不同，所以照相字与铅字在尺寸大小上并不存在精确的对应关系，仅仅互相近似。

它们之间可以互换算：

1 级 = 0.25mm,1 级 = 0.714P，1P=0.35146 mm，

即 1P ≈ 0.35mm,1P=1.4 级。

一般书籍排印所使用的字体，9P~11P 的字体对成年人连续阅读最为适宜，8P 字体使眼睛过早疲劳，儿童读物需用 36P 字体，小学课本字体以 12P、14P、16P 为宜。

（2）字间距

字间距是指行文中文字之间的相互间隔的距离，字间距影响了一行或一个段落的文字的密度。

（3）行间距

行间距是指行与行之间的距离，常规的在 140 ~ 180 线，异常紧凑的为 100 ~ 120 线之间。

（4）版心

版心是页面的核心，是指图形、文字、表格等要素在页面上所占的面积。一般将书籍翻开后两张相对的版面看做是一个整体，来考虑版面的构图和布局的调整。版心的设计主要包括版心在版面中的大小尺寸和版面中的位置两个方面。

版心的确定要根据书籍开本大小来确定，同时要从书籍的性质出发，本着方便阅读和节约纸张材料的原则，不但寻求栏高与栏宽、版心与空白、天头与地脚、订口与书口之间的和谐比例关系，还要考虑到装订后的不同形式，如平订、锁线订、胶背订、骑马订等。

页面内白边的宽窄都有所区别，不能同等对待。版心的大小一般根据书籍的类型来定：画册、杂志等开本较大的书籍，为了扩大图画效果，很多采用大版心，图片出血处理；字典、资料参考书等书籍，由于文字量和图例相对较多，应该扩大版心，缩小白边；诗歌、经典类书籍则采用大白边，小版心为好。

（5）天头、地脚、订口、书口

天头是指每页面上端空白区。

地脚是指每页面下端空白区。

订口是指靠近每页面内侧装订处两侧的空白区。

书口（切口）是指靠近每页面外侧切口处的空白区。

（6）栏

栏是指由文字组成的一列、两列或多列的文字群，中间以一定的空白或直线断开。书籍一般有一栏、两栏和三栏等几种编排形式，也有通栏跨越两个页面的。通栏多用于排重点文章，三栏则用于排短小的文章。两栏的版面每行的字数恰到好处，最易阅读。

在通常情况下，不同类型的读物选择不同的分栏方式，一～两栏较为正式，具有一定的严肃性，如企业画册一般采用一栏或两栏形式；三～五栏多为杂志或灵活性读物。栏数越多，版面的灵活性也越大，而且，每栏都可以呈现一个不同的内容，用来表现更活跃的内容。

（7）页眉

页眉是指排在版心天头上的章节名或书名，一般用于检索篇章，有时也放在地脚上。

（8）页码

页码用于表示书籍的页数，通常页码排于书籍白边外侧处（见图2-30）。

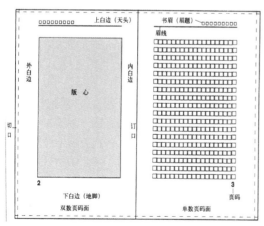

图 2-30 版心各部分术语

4．书籍各部分版式设计注意事项

（1）封面的版式设计

注重标题（书名）以及各图形在封面的位置，以突出封面是书籍的"脸面"作用（见图2-31）。

图 2-31 《一岁一枯荣》封面版式 设计：张一雅 指导：李昱靓。该作品入选第四届全国大学生书籍设计大赛

（2）内页的版式设计

注重主题形象的表现；图文在版面中的分割关系；强化以订口为轴的对称版式，外分内合，张敛有致；恰当、合理的留白能打破版面死板呆滞的局面（见图2-32）。

图 2-32 各种版式设计样式

引文：选择的字体（仿宋或楷体）一般与正文不同。

注文：是书籍中的注释文字，有夹注、脚注（页下注）、章后注、篇后注、书后注等。一般用比正文略小的字号。

标题：必须依据书籍类别、开本、标题等级及标题用字原则来选择，除了醒目外，还要兼顾到篇题、章题、节题以及引题、主标题、副标题等字体、字号的区别和联系。经典著作，法律、文学类等书籍，不宜选择过于艺术化的字体。开本相对较小的图书，则不宜选择较大的字级。

页眉：字号必须小于正文。

目录：又叫目次，是全书内容的纲领，设计要眉目清楚，条理分明，一目了然。页码可前可后，各类标题字体与字号顺次由大到小，逐级缩格排列，避免千篇一律。

序文：一般他序放目录前，不纳入目录；自序多纳入目录，放在目录之后，但不能放在目录前又纳入目录。序言的标题按书的一级标题处理。

附录：字号一般小于正文。

附录、索引、参考文献、后记、跋等都为辅文，它们都要编入目录，页码接正文排下来。

2.1.3 书籍图像设计

在书籍设计中，图像作为辅助传达文字内容的设计要素，越来越受到重视。相比文字而言，图像更具可视、可读、可感的优越性，还具有易于识别、传递快捷、便于理解等优势。

图像有广义和狭义之分。广义的图像是指所有具有视觉效果的画面，几乎包括了视觉表现形式中的所有种类：纸媒介的、照片的、电视的、电影的或计算机屏幕的，等等；狭义的图像则单指通过绘画、摄影、印刷等手段形成的形象，它是二维的、平面的（见图 2-33）。

图 2-33 书籍的图像设计

插图是书籍艺术中的一个重要部分，按照汉字表意理解，可以说是插附于书刊或文字间的图形、图像，也是将书籍中的文字语言转变为图形语言的造型艺术。从设计观念来看，插图是对书籍文字的形象说明，也是一种信息传达的媒介。插图可增强阅读的趣味性，也可再现文字语言所表达的视觉形象，加深读者对文字的理解。

1. 书籍插图的分类

对于不同性质的书籍，插图都具有特定功能。在现代书籍中，按照插图的功能划分，大致可以分为文学艺术性插图、科技性插图和情节性插图。

（1）文艺性插图

文艺性插图主要适用于小说、传记、诗歌、散文、艺术、儿童读物等具有创作性的文学类书籍。插图创作者通过选择书中具有典型意义的人物、情节、场景，通过比喻、夸张和象征等多种手法营造出视觉形式与书籍内容之间的联系，使可读性与可视性结合起来，这不仅能加深读者对文本的理解，更能促进读者阅读的兴趣，使书籍的艺术感染力得以完美呈现。

文学插图是文艺性插图的典型，包括题头插图、尾饰、单页插图和文中插图等。这类插图不是简单地看文识图，而是要经过再创作，使其具有艺术个性的感染力（见图 2-34~ 图 2-37 ）。

图 2-36 《睡美人》插图

图 2-37 《帕西法埃》插图 设计：马蒂斯

（2）科技性插图

科技性插图主要用于科学、医学、动植物学、建筑学、历史、地理、天文及工具类书籍。为了帮助读者理解书的内容，以补充文字难以表达的部分，科技性插图主要起到图解的作用，以直观、清晰的图像形式帮助解释文字内容，弥补专业性和学术性文字难以说清或语言不能表达的内容，为读者正确理解书籍提供了捷径。插图形象力求准确、清晰，并且能说明问题，所以，一般采用写实的手法表现，并具有一定的艺术性（见图 2-38 ）。

图 2-34 德国最美的书《找你要的，赶紧啊》插图

图 2-35 《小动物》版画效果插图设计

图 2-38 klingspor 博物馆藏书

图 2-39 《小黑领》 设计：何安冉 指导：吕敬人

（3）情节性插图

情节性插图主要是为了配合书籍内容的发展而设计的系列插图，具有情节的连续性、表现的一致性。以此类插图为主的书籍也叫做图文书或绘本书，如连环画、儿童图书等。在实际创作中，情节性插图需要根据文字内容中的情节高潮选择最具典型性的视觉形象进行创作，保证插图与文字内容之间能够同步发展，图文相符。创作时注意表现手法的一致性，保证书籍整体视觉风格的完整（见图 2-39~ 图 2-41 ）。

图 2-40 插图设计

图 2-41 插图设计

2. 书籍插图的表现手段

插图的具体表现手法要依据书籍的总体设计要求来决定。从插图的创作手法来看，主要有手绘表现、摄影表现、数码技术表现、立体表现等类别。

（1）手绘表现

手绘插图主要指那些以手工绘制方式完成的插图创作，可以利用铅笔、钢笔、油画颜料、水彩、水粉颜料、蜡笔、丙烯颜料、水墨等工具和材料，采用水墨画、白描、油画、素描、版画（木刻、石版画、铜版画、丝网画）、水粉、水彩、漫画等艺术创作形式进行创作表现。在风格上，无论是写实的、抽象的还是装饰的，力求与文字的风格、书籍的体裁相吻合，共同构建书籍的整体风格（见图2-42）。

（2）摄影表现

摄影作为一种具有强大感染力的插图表现手法，通过光线、影调、线条、色调等因素构成造型语言，真实描绘对象的色彩、形态、质感、肌理、体积、空间等视觉信息，建立了视觉形象与书籍内容之间最直观、最准确的联系。书籍摄影插图的选择应该能更好地表现出对象主体的典型特征以及所处的环境和情感氛围（见图2-43）。

图 2-42 klingspor 博物馆藏书

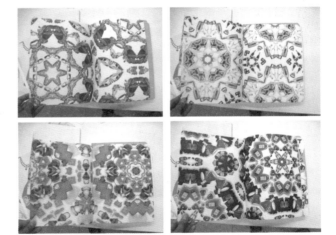

图 2-43 《1 大于 1》 设计：李悦瑾

（3）数码技术表现

随着科学技术的不断更新，数码绘图工具呈现出应用越来越简单、价格越来越大众化的趋势，计算机绘图软件搭配手绘板创作成为插图创作的主流。通过设计软件强大的视觉处理能力，书籍插图使作者可以随心所欲地创作出极富表现力的插图作品（见图2-44）。

图 2-44 《甲壳虫》　设计：叶田田　指导：储婷

（4）立体表现

现代书籍设计的创作思维已经由传统的二维平面表现转向三维乃至四维空间的表现，即使是书籍中典型平面形态的插图也出现了立体化的趋势。许多儿童书籍或科普书籍，为了增加阅读的趣味性和直观性，往往会将插图印在利用模切技术形式的特定纸张结构的表面，随着阅读过程中书页的展开，呈现立体化的视觉效果，强化了插图的表现对象，增加了书籍的可读性（图 2-45）。

2.1.4 书籍色彩设计

在书籍设计艺术中，色彩也是形成书籍强烈识别特征的视觉元素。在设计中，通常是通过不同的色彩明度、纯度及色相的有机组合烘托气氛，形成读者对书籍的第一印象，激发读者的购买欲望。

通常色彩是赋予感情的，从某种意义上说，色彩是人性格的折射，因此，色彩有时也可以直接展示出一本书的精神情感的感觉。色彩本无注定的感情内容，但色彩呈现在我们面前，总是能引起我们生理和心理活动，比如黑、白、黄等单调、朴素、庄重的色调可以给书籍带来肃穆之感。

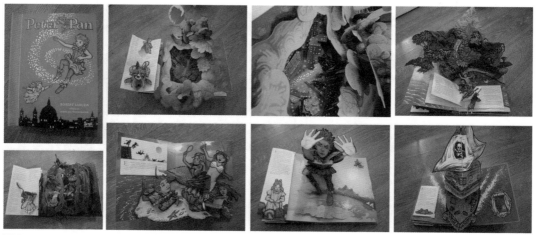

图 2-45 Peter Pan

色彩的象征意义，是长期认识、运用色彩的经验积累与习惯形成的。

书籍色彩设计应遵循的原则。

①根据书籍的主题准确地选择色彩。书籍的实际内容和所传达的内涵、著作者的文化背景、读者群的年龄层次等客观因素都是色彩选择的依据。

②根据书籍的类型选择色彩。不同书籍都有其特定的读者群，书籍色彩的选择也要以读者为主体，研究他们的心理、情感、喜好，等等。

③需要考虑印刷的方式、油墨的性能、纸张材料的质地及承印效果、印刷成本等因素。

掌握好色彩的丰富表现力，在封面及整体设计中进行合理、有效的运用，就会创造出寓意深刻、创意独特的装帧效果，给读者以美的感受（见图 2-46、图 2-47、图 2-48）。

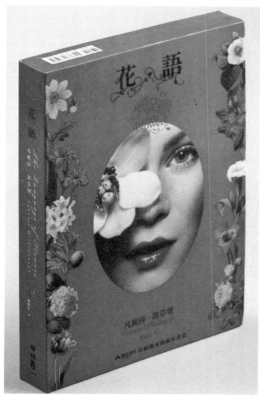

图 2-46 《花语：维多莉亚花语词典》

图 2-47 《剪纸的故事》 设计：敬人设计工作室
吕旻 杨婧

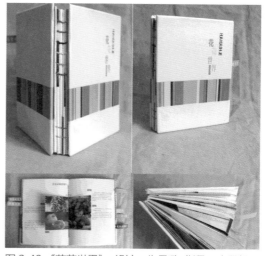

图 2-48 《花花世界》 设计：朱晨璐 指导：李昱靓

　　封面设计的色彩是由书的内容与阅读对象的年龄、文化层次等特征所决定的。鲜明的色彩多用于儿童读物；沉着、和谐的色彩适合于中、老年人的读物或历史题材的读物；介于艳色和灰色之间的色彩宜用于青年人的读物等。此外，书籍内容对色彩也有特定的要求，如描写革命斗争事迹的书籍宜用红色调，表现青春活力的宜用鲜亮的色彩等。对读者来说，因文化素养、民族、职业的不同，对于书籍的色彩也有不同的偏好。

2.2 书籍设计流程及思维方法

一本完整意义上的书籍从书稿到成书，要经历策划、设计、印刷、装订等一个完整的设计过程。书籍设计的一般流程从学习设计实践和商业项目两个方面分别说明如下。

2.2.1 书籍设计流程

1. 学习书籍设计实践

（1）命题设计的一般流程

①把握书籍的精神

a．交流优先。从书名的缘起先做了解，熟悉文稿内容，找出文稿的独特性。

b．确定设计风格。阅读进一步探寻文稿信息的深度，使主题更加逻辑化、条理化，进一步概况出文稿的风格，继而确定主体设计风格。

②拟订设计方案

有计划地安排设计工作是每个学生在接受设计命题后最先要明确的任务。即总体地安排设计步骤、合理调配素材和时间，从而达到事半功倍的效果。

在书籍设计工作开展前，还需做好市场调查，获得准确的第一手资料，为后面设计打下良好的基础。

书籍的设计制作的工作步骤如下。

a．草图阶段。明确设计思路，确定需要设计的内容，尝试不同点、线、面、体、空间、质感、色彩以及来自于生活灵感形成书籍设计巧妙的构思和深度的设计，从而紧扣要求绘制简单明了的设计草图。从该书籍内容、特点、读者等方面进行分析，开始准备着手绘制设计草图。

b．确定需要设计的内容。分析完决定该书的客观因素和设计任务后，需进一步确定该书的设计风格。根据设计命题和要求，确定该书籍设计的重要元素。再进一步考虑开本、封面、封底、书脊、环衬、扉页和页面版式具体如何设计。首先是书的开本，其次封面、封底和书脊是设计重点，包括确定封面上的主要元素、作者的名字和书名，编辑、出版社名，封面的图形，封底的版本说明，价格和相关信息等，再根据确定好的设计风格做准备。最后是环衬、扉页和页面版式设计等内容。

c．开始绘制草图。绘制封面、环衬、扉页的草图。此步需确定出文字和图案的构图位置，简单勾勒出主体图案外形要求，为下一步收集素材作准备。勾勒草图，考虑书籍主题形象的选定、书籍风格的趋向、书籍的整体色调等视觉要素。

③素材准备阶段

根据草图收集相关图片和文字素材（在设计书的封面和内容时所需要的文字和图像）。素材的收集要求把握统一的调子和格式，理性化地梳理信息，分类排列顺序，在分类中寻找与内容相符合的视觉符号。

④计算机加工制作阶段

要求选择合适的软件，依据草图和素材，制作电子文件。

书籍封面是一本书的小型广告，因此，也是设计的重点。

常用的书籍装帧设计计算机软件有以下几种。Photoshop，可进行图像编辑、图像合成、校色调色、特效制作等；Illustrator 是矢量设计软件，可以和 Photoshop 等软件优势互补，以达到综合处理图片和设计稿的目的；PageMaker 提供了一套完整的工具，用来产生专业、高品质的出版刊物，通过链接的方式置入图，可以确保印刷时的清晰度；InDesign 博众家之长，从多种桌面排版技术汲取精华，是基于一个创新的、面向对象的开放体系，大大增加了专业设计人员用排版工具软件表达创意和观点的能力。

⑤修改打印阶段

修改电子文件，并根据具体厂家印前的要求，调整文件，以保证能最好地还原效果。

⑥手工制作阶段

收集齐制作所需要的工具、加工打印后的书籍。

准备手工制作需要的工具，如画板、直尺、剪刀、裁纸刀、双面胶、硬的白卡纸等。

a．首先将电子文件输出为成品。

b．封面压膜（可以手工制作也可以用压膜的机器压膜）并裁剪掉输出稿多余的部分，如果有裁纸机的话，这个步骤就可以省略到最后一起裁边。

c．折叠好封面样稿，确定内页面页码和前后顺序，整理上胶，装订成书。

d．为整套书籍的展示制作辅助卡片。

e．布置书籍展示效果。

至此，一套完整的书籍设计作业就可以结束了。当然，一本好的书籍除了设计之外，制作成本、印刷技巧以及销售方式都是相当重要的，作为商业产物的书籍最终是需要市场考验的。这就要求学习书籍装帧的同学除了在课堂上学好设计课程外，还需要在将来的工作中积极地了解新知识，不停地充实自己。

（2）设计案例

①获奖作品——《寻找》系列书籍设计

a．设计任务与目的。在我们生活中，常常伴着丢失的睡眠、麻木的面容，迷茫了未来，幸福渐渐流逝。做这本书的目的，是希望自己看到的碎碎小小的东西能给大家带来一抹轻轻浅浅的美好，让大家也去留意去寻找到生活中那些碎碎小小、不经意的美好事物。

b．设计对象的调查和分析。《寻找》系列书籍由三部分组成。

第一本书：关于人，是以纪伯伦、顾城、史铁生等作家的作品为主，大多是充满爱的文学作品，书最后叙述一个小故事，是身边亲人的一个恋爱的小故事。

第二本书：关于动物，不是那些珍奇异兽，就是我身边的一些酣睡的小狗。

第三本书：以植物为主，基本上是正在开放的花朵，绽放的花就是一个个笑颜。

三本书中呈现的对象并不复杂，都是些很容易被忽视和被遗忘掉的日常事物：睡觉的狗、绽放的花、躺在角落的诗句、点滴的生活、平淡的渺小的生命、简单的温暖。

c．设计方案的拟定。

文字设计：三本书基本上都是用的宋体字，一种自我的感觉。

图形设计：每本书都有一组几何图形，那个代表着哲学家伊壁鸠鲁的花园，那位哲学家就是在那里教导自己的学生要他们去感觉和享受人生中的美好和乐趣。第一本书的辅助图形的选用主要有线和一些分散的三角形、正方形、圆形；第二本书用了很多的长方块为辅助图形，是因为有首诗叫"睡眠是一条大河"，所以就用了蓝色的长方形来表示睡眠；第三本书用了正菱形，四边的方正，是因为一方一净土，植物的世界的纯净，就这些辅助图形贯穿全书。

色彩设计：在伊斯兰教中，蓝色是一种纯洁的颜色，蓝色还象征着年轻，蓝色还是希望之色。寻找的目的就是去寻找着希望，寻找着那些丢失的美好的纯净，蓝色又是一种让人很放松的颜色。

封面设计：封面用到了每本书里面的辅助图形，每本的封面都呈简单无华的感觉。

书籍装帧形态：包背装的形式。

纸张选用：封面用180g凯丝棉；内页用80g、100g特级道林或73g、93g、113g描图纸；纸张选择了米色的纸张，淡淡的米色色调给人一种温暖柔和的感觉（见图2-49）。

图2-49 《寻找》 设计：龙佳 指导：李昱靓 该作品入选第四届全国大学生书籍设计大赛

点评：

该系列书籍设计作品为学生的毕业设计。书籍设计的特点如下。

第一，借鉴中国古典书籍装帧形态中"筒子页"形式，重新创造出一个既有传统概念又有现代意识的书籍设计作品。

第二，针对主题进行逻辑化的分析，设计前制定出一条清晰的阅读线索，即：寻找生活中小小的幸福感，那些稍不留意就忽略掉的美好事物，从人自身、小动物、植物等生命中发现触碰心灵深处的闪光点，形成系列书籍协调有序的信息建构体系。

第三，系列书籍的图形表现也颇有特色，全书运用点线形图案，构筑书籍主题语境的传达，将色彩、符号识别布局从始至终在封面、扉页、内页等整体设计中贯穿运用，视觉效果统一而协调。

②获奖作品——"70s 80s 90s"系列书籍设计。

作者用 70s、80s、90s 表示社会的三个中坚力量群体——"70 后""80 后""90 后"，三个不同的年代造就三个不同的个性群体，每一代都有自己的爱情观、事业观和价值观。此系列书籍就是围绕他们的爱情、工作、生活，来解析他们的生存状态。

a．设计目标。通过研究"70s、80s、90s"生活习惯、爱情态度和工作目的，细致了解各年龄段人们的心理，并通过自己的作品努力让读者了解"70s、80s、90s"的个性，使他们更加深刻地了解自己，并能处理好爱情、工作、生活中的问题。

b．对设计对象的调查和分析。近年来，国内舆论一直不乏关于"70s、80s、90s"三个年代人群的话题，从某种意义上而言，"70s、80s、90s"的成长也是中国改革开放三十年的人文写照，是社会转型时期生活轨迹的一种生动再现。风格迥异的他们自然会在历史背景的驱动下被相互比较，而多媒体时代的到来和网络舆论的宽容特质恰恰为这种对比提供了有效载体并使之文字化、音像化。

首先作者从爱情、工作、生活角度制作了调查表，运用互联网对他们（各年龄段抽取 100 名）进行调查，内容涉及他们对爱情、事业、生活的态度，每个人的社会背景以及社会背景对人的思想产生的影响，还有各自生活背景现状等。

经过作者的调查分析，对他们的爱情、事业、生活的态度进行归纳和分析，让共同生活在这个时代的"70s、80s、90s"，更能了解和认识彼此。

c．设计内容。为了将以上思路通过具体的设计作品表现出来，作者制订了详细的实施计划。

ⓐ标题。由于是三本系列丛书，分别讲述"70s、80s、90s"的爱情、事业、生活，所以三本书的分别以《碎碎恋》《忙活儿》《家常事》作为副标题。

《碎碎恋》——碎碎念的谐音，碎碎念主要意思是絮絮叨叨，就好比爱情就像是由生活中的絮絮叨叨组成，你一言，我一语，就组成了爱情。

《忙活儿》——事业、工作，也就是每天忙碌的事。

《家常事》——生活充满了琐事，且组成了生活。

三本书的副标题，言简意赅地体现出了爱情、事业、生活的本质，使读者更加清晰明了。

ⓑ书籍形态和色彩。在书籍形态方面有所创新，书籍大小以 165mm×260mm 作为书籍的开本，其中封面、序、前言以 142mm×228mm 为开本，正面观书，可以分别看到三个层次，封面尺寸最小在前，环衬居中，内容尺寸最大开本在后。这样就改变了书籍千篇一律的形态，在视觉上更加引人注目。

第一本丛书主题是关于爱情，采用桃红、紫色作为色彩主调。桃红代表爱情和浪漫，紫色代表神秘的爱情色彩。

第二本丛书主题是关于事业，采用黄色和蓝色作为色彩主调。黄色代表活力、希望，蓝色代表精明、能干。

第三本丛书主题是关于生活，采用红色和绿色作为色彩主调。红色代表生命、健康、热情，绿色代表和平、友善的生活态度。

每本书的两个颜色做互补色，更加体现"70s、80s、90s"的强烈的性格差异，鲜艳的颜色也可以给读者强烈的视觉冲击力，能第一时间抓住读者，吸引读者的眼球。

ⓒ内容编排。此套书内容是关于三个不同的时代的故事，由于时代不同，所以作者在内容编排上并不中规中矩。在反复实验中，作者决定将此套书籍以自由式风格编排，在相同中求不同，在不同中找相似，文字排版新颖，个性。其实三本书中均有插页，插页大小各异，以网友评论和编辑小结组成，可以在观看中寻找乐趣。

三本书编排风格基本一致。

第一本书内容围绕三个时代的爱情观进行编写。该书以桃心作为辅助符号，贯穿全书，在书的开始和最后作出前后呼应。

第二本书主要内容围绕三个时代的事业观进行编写。该书以电脑和文件夹作为辅助符号，贯穿全书，在书的开始和最后作出前后呼应。

第三本书主要内容围绕三个时代的生活态度进行编写。该书以碗和锅，所谓的锅碗瓢盆作为生活的辅助符号，贯穿全书，在书的开始和最后作出前后呼应。

ⓒ印刷装订。三本书籍都采用裸背线装装订

工艺，主要是将不同内容的书页相互套叠在一起，然后用手工装订完成。

d．设计特色。在设计封面前言的设计中，作者主要采用了三个层次来设计并装订在一起，这样就形成了层次感，突破了书籍常规的装帧形态，设计感强烈，有使人耳目一新的感觉。内页还贯穿了插页，主要是网友评价，其中插页的大小各异，形状各不相同，纸张也区别于全书的纸张，可以增加读者阅读的趣味性（见图 2-50）。

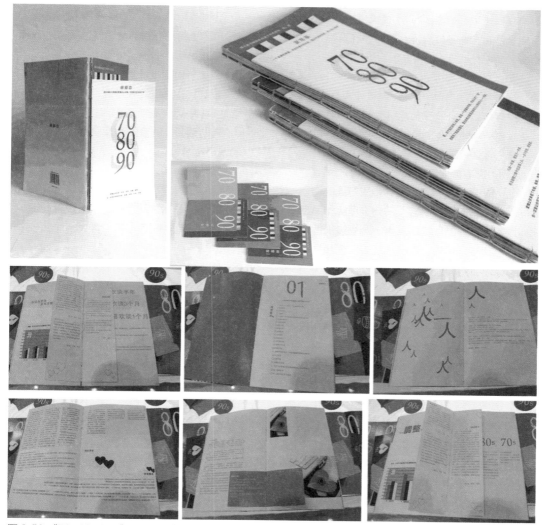

图 2-50 《70s 80s 90s 》夏月明 指导：李昱靓 该作品入选第四届全国大学生书籍设计大赛

点评：

该系列书籍设计作品为学生的毕业设计。书籍设计的特点如下。

第一，本书的信息阅读方式富有个性，在几本书页中，穿插长短页，分别以不同的主题内容在整本书中扮演不同的角色，如网友评论、编辑小结等，文字承担的角色语言清晰明了，文字叙述中信息的延续性、渗透性强，具有设计意识。

第二，系列书籍中，字体、字号、行距、段式、空间、文字群的分解组合，甚至每一个小图形、小符号等具有丰富的表情，是一部有血有肉的具有当代审美意识的系列书籍。

第三，系列书籍以"70s、80s、90s"后的生活、爱情、工作三方面为切入点，通过素材的整理、分析和归纳，进行严密的逻辑梳理，反映出当今社会人们关注的社会问题，引发人们的思考。

2. 商业书籍设计一般流程

（1）文本梳理与定位

通过出版社、作者、设计师三方面的沟通，共同探讨书籍的主题内容，进一步理解和熟悉书稿，以寻求最佳的视觉切入点，确立设计理念，激发创意灵感，用最合适的形式去实现从文字语言到形象语言的转换。

（2）内容构架

设计者首先要与作者和编辑共同探讨本书的主题内容，围绕与书籍主题相关的信息资料，如图片、图形、文字、数据等，在沟通的基础上根据书籍不同的命题以及类型来进行立意构思，做到与众不同。同时要根据书的性质、内容、读者对象等因素综合考虑采用何种形态，再进一步展开设计创作，赋予素材文化意义上的理解。沟通设计意向并根据文本内容、读者对象、成本规划和设计要求，根据文稿和相关信息资料进行创意定位，初步确定书籍的内外结构、设计风格与版面、开本、文字、图形、图像和色彩等元素。确立书籍内容传达的视觉化信息设计的思路、编辑设计理念的整体运筹等。

（3）市场调研

在充分了解书籍内容，并有初步的设计定位之后，应着手同类书籍的市场调研。

①调研目的：

通过调研，为该书籍设计提供明确的方向和相关的参考依据，根据调研分析，确定书籍的设计方案，使之能够在众多书籍中展现出自己的特色，通过各方面素材的收集有代表性地设计作品，并用科学的方法进行分析，以此为基础，对该书的设计提出建议。

②调研内容：

a. 市场上同类书籍的商品信息，包括书名、主要内容、定价等的调查。

b. 同类书籍的设计特点分析，包括书籍开本、色彩设计、版式设计等方面。

c. 可以借鉴的优秀书籍设计作品的分析。

d. 针对读者，调查阅读及使用习惯等。

③调研方法：

a. 文献调研法。文献调研法主要指搜集、鉴别、整理文献，并通过对文献的研究形成对事实的科学认识的方法。搜集书籍设计研究文献的主要渠道有图书馆、学术会议，个人交往和互联网。

b. 观察法。是指研究者根据一定的研究目的，制定研究提纲，用自己的感官和辅助工具去直接观察被研究对象，从而获得资料的一种方法。

c. 比较研究方法。可以理解为根据一定的标准，对两个或两个以上有联系的事物进行考察，寻找其异同的分析方法。

按照书籍设计调研目标的指向，主要采用求同比较和求异比较。求同比较是寻求同类书籍设计的共同点，以发掘其中的共同规律；求异比较是比较书籍的不同特点，从而说明它的不同，以发现书籍艺术设计的特殊性。通过对书籍的"求同""求异"分析比较，可以使我们更好地认识多元化设计结果。

（4）书籍整体设计流程

设计师在了解设计内容后，方可采用某种艺

术形式来展现书籍内容。从封面、扉页、正文版式、书眉的设计等采用统一的视觉语言对书籍内容进行完美的传达。在把握形态与风格同时，制定书籍设计的整个规划是书籍设计成功的关键。主题是方向，书籍的各个组成部分的设计就是流程。

重点在于书籍审查、选定设计方案、设计方案阶段。

①审查、选定方案

方案的审查一般由客户和责任编辑、出版社总监共同选定。

②核查终稿方案

核查部分：

a．核查书名、作者名、出版社名称等。

b．核查正式出版的时间。

c．核查开本数值。

d．核查内文页码，确定内文纸的类型和克数，以便计算书籍的厚度。

e．核查将要采用的印刷工艺与装订方式。

③书籍信息视觉化的设计阶段

书籍形式设计不仅要与书籍内容所传达的信息在逻辑上保持一致，而且要具备一定的视觉美感。

将创意火花以草图的形式具体地、快速地呈现出来。整理出书籍内容传达的视觉化编辑创意思路，提出对图文原稿质与量的具体要求。

在书籍设计过程中，字体、线条、色彩等元素任何一个细微的变化都能够使读者在阅读时感觉到不同的形式所带来的不同的观感。设计师根据设计思路完成相应的内文编排设计、封面设计和整体的设计运作。书籍结构的视觉设计与内文编排设计阶段进行最为重要的编辑设计和与之相对应的内文编排设计，并着手对封面、环衬、扉页等进行全方位的视觉设计，通过视觉形象的捕捉和运筹来传达书籍内容的核心，形象思维的理性表达可以超越文字本身的表现力，从而产生增值效应。

④印刷制作完成阶段

制定实现整体设计的具体物化方案，选择装帧材料、印刷工艺和装订工艺等。

a．审核书籍最终设计表现、印制质量和成本定价，并对可读性、可视性、愉悦性功能进行整体检验；同时完成该书在销售流通中的宣传页或海报视觉形象设计，跟踪读者反馈，以利于再版。一个合格的书籍设计师应该明白需承担的责任和职限范围，以及应具备的整体专业素质。审核色彩设计稿的最终设计质量并对其可读性功能进行检验。

b．出片打样。即检查出样效果与实际印刷效果存在的差异。印刷前想看实际印刷效果有三种办法。

ⓐ 出菲林前先出质量较好的彩喷稿（便宜，但不太容易看得准）；

ⓑ 印数比较多可用数码印刷先试印几张，确认后才出菲林、才上机印刷；

ⓒ 数量少请直接用数码印刷又快又便宜。

在保证文字、线框、图形、色彩准确无误的情况下，交制版公司制作菲林，进行彩色打样。

c．校稿后上机印刷，制作完成。最后，对打样品进行校对，更改误差后，以保证书籍品质，交付印刷厂正式开机付印。

2.2.2 书籍设计思维方法

1．编辑设计理念

吕敬人老师在《编辑设计——创造书籍的阅读之美》一文中谈到：编辑设计是书籍设计理念中最重要的部分，是过去装帧设计尚未涉及的领域。它鼓励设计者积极对文本传达的视觉化阅读设计观念进行导入，即与编著者、出版人、责任编辑、印艺者在策划选题过程中或选题落实后即开始探讨文本的阅读形态，从视觉语言的角度提出此书内在信息架构和视觉辅助阅读系统，并提升文本信息传达质量，以便于读者接收和乐于阅读书籍形神兼备的功能。这里提出对书籍设计师一个更高的要求，只懂得一点绘画本事和装饰手段是不够的，还需要明白除书籍视觉语言之外的新载体等跨界的知识弥补，完成向信息艺术设计师角色的转换；另一方面，编辑设计并不是替代文字编辑的职能，对于文字编辑来说同样不能满足文字审读的层次，更要了解当下和未来的阅读载体特征以及视觉化信息传达的特征，并提升艺术审美和其他传媒领域知识的解读的能力。

编辑设计的过程是深刻理解文字，并注入书籍视觉阅读设计的概念，完成书籍设计的本质——阅读的目的。

吕敬人老师认为：对"品"和"度"的把握是判断书籍设计师修炼的高低的重要因素。

频频荣获"世界最美的书""中国最美的书"的现任南京师范大学出版社艺术总监和南京书衣坊工作室设计总监的朱赢椿，就是一个敢于"尝先"的设计师，从《不裁》《蚁呓》《蜗牛慢吞吞》《设计诗》到《空度》，再到《平如美棠》……几乎他推出的每本书都引发争议，对于这些异样的声音，在接受《深圳商报》专访时，他说："表面上的这个东西是至简的，但是我不能说至简就是偷工减料，我的至简就是你看到的东西你感受

不到它，至简不是简陋，不是将就，至简背后有大量的工作。看起来是至简的，但背后有非常复杂的呈现过程。简约的图形和文字都是经过很长时间的思考提炼制作的。"

朱赢椿设计的书是真正融入了编辑设计理念的书，优秀的书籍设计师不仅会创作一帧优秀的封面，还会创造出出人意料、与众不同、耐人寻味并有独特内容结构和秩序节奏的具有阅读价值的图书来（见图 2-51）。

《北京跑酷》是一本非常优秀的书籍设计作品，设计家陆智昌并不满足文本照片的一般化介绍北京地区人文景观的旅游书的做法，他注入书籍阅读语言的崭新表达，他把视觉阅读贯通全书的编辑思路，于是组织香港、汕头的艺术学院的大学生，在他的指导下将北京风光通过视觉化解构重组的插图和矢量化图表，将地域、位置、物象进行逻辑化、清晰化、趣味化的编辑。在图文的叙述之中，完全打破传统模式的旅游书千篇一律的编排方法，赢得不同层次读者的普遍欢迎和赞赏（见图 2-52）。

图 2-51 《蚁呓》部分内页　设计：朱赢椿

图 2-52 《北京跑酷》　设计：陆智昌

陆智昌：曾于香港从事书籍装帧设计工作十多年，其间曾游学巴黎两年，并习版画于巴黎 17 号版画室。2000 年迄今居于北京，从事装帧设计、出版策划等工作。参与设计的书籍曾获奖 40 多项；获第六届全国书籍装帧设计金奖、"中国最美的书"等奖。

多次获得"中国最美的书"奖项的设计师杨林青认为，在当下小屏阅读流行的背景下，纸质书籍设计理念亟待改变，编辑与设计的"跨界"融合势在必行。他认为，"现在的阅读设计师必须一开始就去认识内容本身，再通过设计呈现出一种阅读的可视感，并且引导读者怎么去阅读，让更多的人去理解一本书的全部。"

他认为，从选择做这本书的时候，其实是从编辑的角度去思考我为什么要做这本书，下一步，要从作者、编辑的角度理解这本书为什么这么写这么编，书的结构是怎样的，要有非常理性的逻辑思维指导。

下面介绍吕敬人老师设计的书籍。

《梅兰芳全传》（由《梅兰芳全集》《程砚秋全集》《尚小云全集》《荀慧生全集》四部书组成），是一部 50 万字的纯文本书籍，无一张图像的书，经提出编辑设计的策划思路后，得到著作者、责任编辑的积极支持。设计中寻找近百幅图片编织在字里行间，使主题内容表达更加丰满，并在设计构想在三维的书的切面，设计为读者在左翻右翻的阅读过程中呈现戏曲家"戏曲"和"生活"的两个生动形象，很好演绎出戏曲家一生的两个精彩舞台。虽然编辑设计功夫花得多一些，出书时间也推迟了些，但结果是让戏曲家家人、著作者满意，读者受益，达到了社会、经济两个效益双丰收。此书获得了中国图书奖。图 2-53 展示的为其中的《程砚秋全集》。

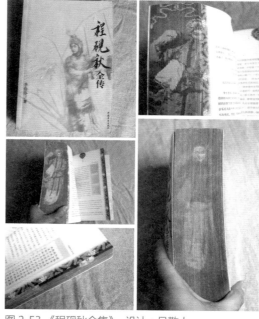

图 2-53 《程砚秋全集》　设计：吕敬人

编辑设计理念在吕敬人老师的《中国记忆》《怀袖雅物——苏州雅扇》《美丽的京剧》等书中均有运用，并获得很好的效果。这是需要出版人、编辑、印制人员与设计师相互配合来共同完成的，非单方面所能。今天有不少责任编辑只凭着发稿单写上几句贫乏空洞的设计要求，交给设计人员，以为自己的责任就此为止，而另一类责任编辑光凭电子邮件与设计者联络，连和设计人员见面的功夫都不花。做书是文化行为，对书的理解，对著作者风格和自己对书的编辑索求是需要不断与做书人的任何一方积极沟通和交流的，这样才会取得做书的情感投入，并全身心投入才会做出一本好书，编辑把自己圈在办公室里是做不好书的。同样，设计师也是如此，只会凭发稿单做着所谓吸引人眼球的同质化的封面，不去和著作者、编辑、印制者交流，深刻理解书稿内涵，并注入情感，这样做永远只能停留在为书做装饰的低层次，根本提不出书籍编辑设计的创想和建议来。（见图2-54）

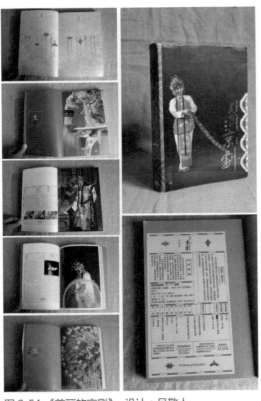

图2-54 《美丽的京剧》 设计：吕敬人

书籍设计的概念要改变只停留在书籍的封面、版式层面的设计思维方式和手段。书籍设计与装帧的最大区别是设计者是用视觉语言对信息进行结构性设计，使文本得以更好地传达创意点和执行力，甚至成为书籍文本的第二创作者。这在过去，对于出版社的美术编辑，这似乎是非分之想。但我们应该用与时代需求的信息载体不断

视觉化的传递特征，来提升自己设计工作的主动意识和工作范畴。书籍设计师要拥有这样的责任心和职业素质。

书籍设计师应该对一本书稿全方面提出编辑设计的思路，并对全书的视觉化阅读架构进行全方位的设计思想的介入，如以上例举的几本书的设计过程。当今中国需要这样的书籍设计师，这是出版人、编辑、印艺者、销售者、读者等所有参与书籍创造的人都应该具有的共识。时代的发展、社会的需求使设计师能普遍拥有这种主动的设计意识，针对不同的书籍体裁，在不违背主题内涵的前提下，用视觉信息传达的专业角度勇敢提出看法，并承担起不同的角色来。

中国的书籍艺术要进步，不仅要继承优秀的传统的书卷文化，还要跟上时代步伐进行创造性的工作，去拓展中国的书籍艺术。21世纪是数码时代，它改变了人们接收信息的传统习惯，人们接收视屏信息甚至成为一种生活状态。如何让书籍这一传统纸媒能一代一代传承下去，我们当然要改变一成不变的设计思路，更不能停留在为书做装潢打扮的工作层面。设计师与著作者、出版人、编辑一样要做一个有思想、有创想、有追求的书籍艺术的寻梦者和实干者，"天时、地气、材美、工巧"（《考工记》），形而上和形而下的完美融合与追求，相信当代中国的书籍艺术一定会再度辉煌。

国际设计界著名的书籍设计大师杉浦康平先生曾说道："依靠两只脚走路的人类，亦步亦趋，这是人们前进和发展的步伐。如果行走中后脚不是实实在在地踩在地上，前脚也迈不出有力的一步。这后脚不就是踩在拥有丰厚的传统历史文化的母亲的大地上吗？人类正是有了踩着历史积淀深厚的土地上的第一步，才会迈出强有力的文明的第二步。进化与文明、传统与现代两只脚交替，这才有迈向前进方向的可能性。多元与凝聚、东方与西方、过去与未来、传统与现代，不要独舍一端，明白融合的要义，这样才能产生更具涵义的艺术张力。"

书籍设计中的编辑设计理念是在装帧的基础上向前跨出的重要一步，是中国书籍艺术传承与创新应该具有的重要设计意识。编辑设计能为受众创造书籍的阅读之美。

2. "时间"概念的逻辑思维法

这种思维法强调信息的整体架构关系。需要特别强调的是。

①注重信息内在关系化的重新编辑组合，即打破原有的顺序性，寻找与众不同的组建方式。

②书籍语言陈述的逻辑思考，通过书籍中的文字、图像、符号、色彩、空白、节奏的大小、前后、长短、高低、明暗、虚实、粗细、冷暖或加强减弱、聚合分离等变化，建立书籍信息传递系统，为读者提供秩序阅读的通路。

③将静态的主题注入"时间"的动态演绎，令读者在翻阅中领略精神感受过程，有了"时间"的变化之后，书籍的"空间"感也随之应运而生（见图2-55~图2-58）。

图 2-55 《LNVENTION OF HUGO CABRET》书籍编辑设计观念的体现

点评：本书运用细腻的绘画风格给读者以镜头感的品读，清晰地展现时空的流动感。

图 2-56 《蒲公英》 设计：戴胤 指导：吕敬人

点评：这是吕敬人老师指导的学生作品，本书没有一个文字，但运用简洁的图形语言，独特的视角，对书籍概念作出新的诠释。

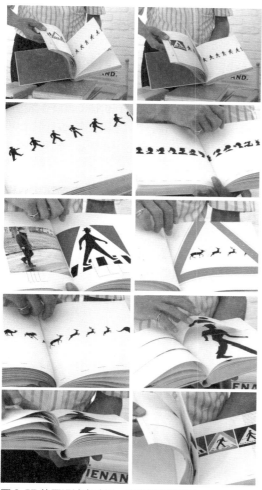

图 2-57 德国设计家哈根·拜格的书籍设计

点评：这是设计家哈根·拜格设计的一本很有趣的书籍。全书用符号强化出时间和空间变化的动感，制造出书籍翻阅过程中的惊喜感。"时间"为书籍设计增添了丰富的表现力。

图 2-58 《我和我的爸爸》 设计：吉茜茜 指导：李昱靓

点评：这本书记载了设计者和她爸爸相处的点点滴滴，看似幼稚的绘画手法与文本内涵相得益彰，恰显父女之间的真情实感。这本书外观造型，以及纸张和麻料等多种材质的结合，增添了本书的阅读兴趣，升华了本书的内涵，赋予了本书独特的意蕴。

2.3 书籍设计的 "内外兼修"

一本完整的书呈现出典型的六面体造型。从外观看，书籍是由封面、封底、书脊、三面切口组成。从内部看，通过翻阅，封面、环衬、扉页、正文等内容依次展现给读者。这种由外及内、由表及里的视线流动的过程，无一不是经过设计者的精心安排才得以实现。

书籍由诸多结构组成，每个结构各有自己的特性，承担着不同的作用，有着不同的设计要求。下面针对书籍的 "外表" 和 "内在"，分别进行逐一介绍。

2.3.1 书籍设计的 "外表" 打造

当代书籍设计的作用，已不局限于传达信息载体的功能，设计形式也不再一味受内容自身主题的限制。当代书籍被视为一种造型艺术，即书籍外观造型设计艺术。

书籍外观造型设计即书籍形态设计。它的存在不仅是为了阅读，也是可供品味、欣赏、收藏的具有独立文化艺术价值的实体。

在当今材料工业的发展，极大地扩展了书籍材料的选择范围。书籍造型设计与工艺的结合，为材料的选择应用提供了丰富的加工平台。与注重实用性和功能性的传统书籍材料相比，当代书籍设计更注重材料自身形态所表现出来的视觉语言，通过设计并加工处理，将其塑造成为新的形态特征。书籍的造型不是纯粹的艺术创作，而是根据设计、制作、装订等具体要求而定，对材料的特殊形式与功能作用进行综合把握，来彰显书籍的整体形态与审美价值，增加书籍的使用功能和阅读的趣味。

在书籍设计过程中，尝试运用折叠、组合、切割或者通过特殊加工工艺方式对书籍的 "外表"

进行打造，是提升书籍外在价值的重要手段。图2-59~ 图2-63 所展示的是国外书籍设计艺术中，通过特殊加工工艺完成的书籍作品，给我们提供很好的借鉴作用。

图 2-59 Birdism Roulette 2005

图 2-60 Ladybug Ladybug 2005

图 2-61 创意设计 Oscar 365

图 2-62 放在瓶子里的书

图 2-63 How Long

2.3.2 书籍设计的"内在"修炼

1. 书籍内容结构基本常识

书籍版面中的每项编排元素都各自具备特定的功能。下面将探讨这些元素如何与编排内容相互呼应。以此作为辅助编辑人员与设计者进行编排、组织一本书的内容结构的依据。

书籍内容结构如图 2-64 所示（从左到右以纵向方式浏览）：

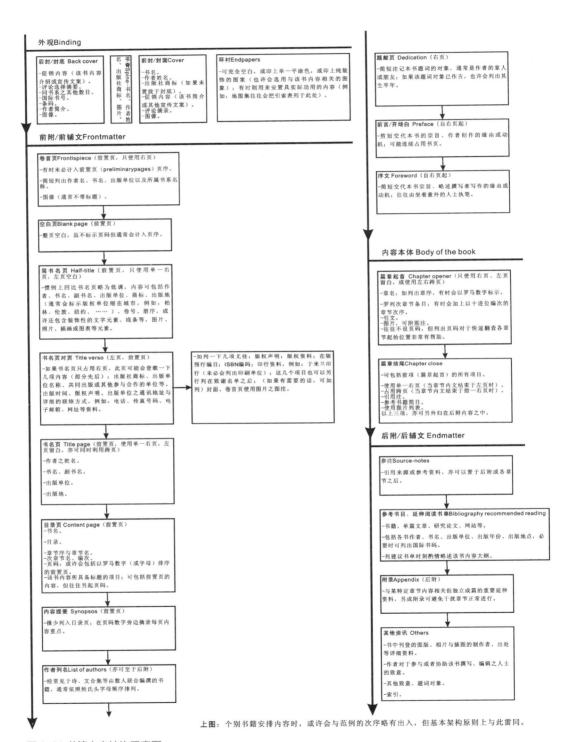

外观Binding

后封/封底 Back cover
- 促销内容（该书内容介绍或宣传文案）。
- 评论选摘摘录。
- 同书系其他书目。
- 国际书号。
- 条码。
- 作者简介。
- 图像。

书脊Spine（书名、出版社商标、书名、作者姓名、图片）

前封/封面Cover
- 书名。
- 作者姓名。
- 出版社商标（如果未置放于封底）。
- 促销内容（该书简介或其他宣传文案）。
- 评论摘录。
- 图像。

环衬Endpapers
- 可完全空白，或印上单一平涂色，或印上纯装饰的图案（也许会选用与该书内容相关的图象）；有时则用来安置具实际功用的内容（例如：地图集往往会把引索表列于此处）。

题献页 Dedication（右页）
- 简短注记本书题词的对象，通常是作者的家人或朋友；如果该题词对象已作古，也许会列出其生卒年。

前附/前辅文Frontmatter

卷首页Frontispiece（前置页，只使用右页）
- 有时未必计入前置页（preliminarypages）页序。
- 简短列出作者名、书名、出版单位以及所属书系名称。
- 图像（通常不带标题）。

空白页Blank page（前置页）
- 整页空白，虽不标示页码但通常会计入页序。

简书名页 Half-title（前置页，只使用单一右页，左页空白）
- 惯例上回比书名页略为低调，内容可包括作者、书名、副书名、出版单位、商标、出版地（通常会标示版权单位缩在城市，例如：柏林、伦敦、纽约、……），卷号、册序，或许还包含装饰性的文字元素、线条等，图片、照片、插画或图表等元素。

书名页对页 Title verso（左页，前置页）
- 如果书名页只占用右页，此页可能会登载一下几项内容（部分先后）：出版社商标、出版单位名称、共同出版或其他参与合作的单位等。出版时间、版权声明、出版单位之通讯地址与详细的联络方式，例如：电话、传真号码、电子邮箱、网址等资料。

- 加列一下几项尤佳：版权声明；版权资料；在版预行编目；ISBN编码；印行资料，例如：于米兰印行（未必会列出印刷单位）；这几个项目也可以另行列在致谢名单之后；（如有需要的话，可加列）封面、卷首页使用图片之图注。

书名页 Title page（前置页，使用单一右页，左页留白，亦可同时利用跨页）
- 作者之姓名。
- 书名、副书名。
- 出版单位。
- 出版地。

前言/开场白 Preface（自右页起）
- 剪短交代本书的宗旨、作者创作的缘由或动机，可能连续占用数页。

序文 Foreword（自右页起）
- 简短交代本书宗旨、略述撰写者写作的缘由或动机；往往由坐着意外的人士执笔。

内容本体 Body of the book

篇章起首 Chapter opener（只使用右页、左页留白，或使用左右跨页）
- 章名：如列出章序，有时会以罗马数字标示。
- 罗列次章节条目；有时会加上以十进位的章节次序。
- 引文。
- 图片；可附图注。
- 往往不设页码，但列出页码对于快速翻查各章节起始位置非常有帮助。

篇章结尾Chapter close
- 可包括前项（篇章起首）的所有项目。
- 使用单一右页（当章节内文结束于左页时）。
- 占用跨页（当章节内文结束于前一右页时）。
- 引用注。
- 参考书籍简讯。
- 使用图片列表。
以上三项，亦可另外归在后附内容之中。

目录页 Content page（前置页）
- 书名。
- 目录。
- 章节序与章节名。
- 次章节名、编次。
- 页码；或许会包括以罗马数字（或字母）排序的前置页。
- 该书内容所具备标题的项目；可包括前置页的内容，但往往另起页码。

内容提要 Synopsos（前置页）
- 很少列入目录；在页码数字旁边摘录每页内容重点。

作者列名List of authors（亦可至于后附）
- 经常见于诗、文合集等由数人联合编撰的书籍，通常依照姓氏头字母顺序排列。

后附/后辅文 Endmatter

参注Source-notes
- 引用来源或参考资料，亦可以置于后附或各章节之后。

参考书目、延伸阅读书单Bibliography recommended reading
- 书籍、单篇文章、研究论文、网站等。
- 包括各作者、书名、出版单位、出版年份、出版地点，必要时可列出国际书码。
- 列建议书单时刻酌情陈述该书内容大纲。

附录Appendix（后附）
- 与某特定章节内容相关但独立成篇的重要延伸资料，另成附录可避免干扰章节正常进行。

其他资讯 Others
- 书中刊登的图版、相片与插图的制作者、出处等详细资料。
- 作者对于参与或者协助该书撰写、编辑之人士的谢意。
- 其他致意、题词对象。
- 索引。

上图：个别书籍安排内容时，或许会与范例的次序略有出入，但基本架构原则上与此雷同。

图 2-64 书籍内容结构示意图

2. 书籍各结构设计的要点

（1）封面（护封）设计

封面设计是书籍设计的重中之重，封面设计可视作视觉传达设计艺术作品。所以其无论从视觉上还是立意上都要引起读者视觉上和心理上的共鸣。封面构思是基于设计师本人的艺术修养和文化底蕴的沉淀。其设计要具有时代感和生动性，用各种形式的美去选择、比较，别出心裁的立意与设计才能打动读者的心。"照亮使其看得见"，封面就是为未看见、看清楚的书中内容照上亮光，赋予书籍活力。

封面是书籍包在书芯和书名页（或环衬，插页等可选结构部件）外面，起保护作用的结构，是书籍最外面的"衣服"，也称书皮、封皮。中国古代则称为"书衣"，形成于书籍成为册页形式之后。

封面包括平装和精装两种，平装书（含半精装）的封面是"软封"，与"书芯"在书背处黏贴为一体。精装书的封面，包括护封和硬封两部分，其中护封是独立封面，是可以拆下的。

封面一般由封面、封二、封底、封三和书背五个部分组成。软质封面还带有前后 加，或前后折口的结构。封面印有书名、副书名、作者名（以及译者名）和出版者名，多卷书要印卷次。为了丰富画面，可加上汉语拼音或外文书名或目录及适量的广告语。

护封，英文称之为"dust jacker"或"wrapper"，中文俗称"防尘护套"，也称包封、护书纸、护封纸，是包在书籍封面外的另一张外封面，高度与书高相等，长度较长，其前后各有一个 5 到10 厘米向里折进的勒口（折口）勒住封面和封底，使之平整。勒口尺寸一般以封面宽度的二分之一左右为宜，从而起到保护封面和装饰的作用。

西方书籍史上最早有书衣的记载始于约 19世纪 30 年代的英国。这张纸的作用，原来是为了避免书籍在贩售过程中受到污损，以保护功能为主，多半没有什么设计。它的寿命在读者收到书后，往往就结束了。很多书根本一开始就不附带着玩意儿。然而，在 20 世纪 20 年代之后，书衣变得普遍且具装饰性，上面多半还附上作者简介、照片及书介、书评等精彩片段。原本微不足道的书衣最后却演变成吸引读者目光的焦点，并被视为书籍不可或缺的一部分。

文学史上最富有传奇性的一张书衣，当属1929 年出版的菲茨杰拉尔德名著《大亨小传》。这张书衣，在小说完成前便已先创作出来了。由于深深喜爱图像中所具有的爵士时代颓废风格，菲茨杰拉德特别将此印象写进了小说之中，并且要求主编珀金斯："千万别把那张书衣让给别人！"（见图 2-65）。

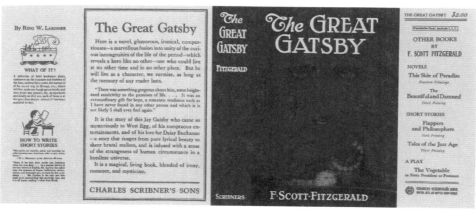

图 2-65 《大亨小传》封面

你是 007 邦德迷吗？如果是，你对《金手指》（Goldfinger）这一"衔着玫瑰的骷髅"图案的书籍封面，也许会大感兴趣（见图 2-66）。

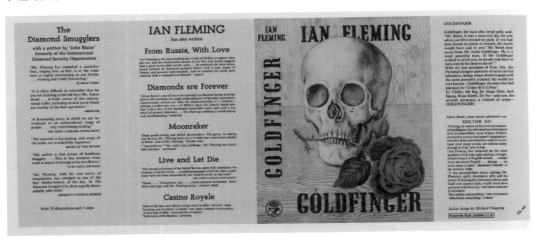

图 2-66 《金手指》封面

现代的护封设计一般采用高质量的纸张，前后勒口既可以保留空白，也可以放置作者肖像、作者简介、内容提要、故事梗概、丛书目录、书籍宣传文字等。

中国书籍封面设计的发展，是随着西方铅印、石印及制版等技术传入中国而发展起来的。20 世纪初，平装、精装书开始出现，这使装帧设计中的书籍封面设计也发生了变化，封面设计从过去线装书封面的特点，而逐渐运用色彩构成向艺术方向发展。

①民国时期书籍封面设计。

在中国书籍封面设计的发展史中，最具典型性的是民国时期的书籍封面设计。

a．1901 ~ 1919 年的书籍封面设计（见图 2-67、图 2-68）。

图 2-67 《巴黎茶花女遗事》封面 1901 年

图 2-68 《孤星泪》封面 1907 年

这个时期是中国现代封面设计的萌芽时期。

b．1920～1930年书籍封面设计（见图2-69~图2-72）。

图 2-69 《踪迹》封面 设计：丰子恺 1924 年

图 2-71 《醉里》封面 设计：丰子恺 1928 年

这个时期，出现了不同风格的封面设计。受五四运动的影响，进步的书刊不断涌现，封面设计中大胆地引用绘画手段，以及艺术性的语言进行设计成为时尚，夸张、抽象、唯美手法无所不有。

封面设计的参与者有画家、文学家、建筑师、诗人和书法家等，如鲁迅、巴金、胡风等，文学家更是身体力行自己设计封面，其中尤为突出的就是鲁迅。鲁迅是我国现代书籍装帧艺术的开拓者和倡导者，他虽然不是专业的装帧艺术家，但却是一位装帧实践家。他是五四运动以后第一个在自己的作品上进行装帧实验的人，他把封面设计、内容编排、印刷装订、选字、选纸等几个环节统一起来，开创了书籍装帧设计的新局面。鲁迅在书籍装帧上进行了改革和创新，他设计的《呐喊》一书的封面，正是他所提出的"东方情调""中国向来的灵魂""民族性"等中国特色的体现。（见图2-72）

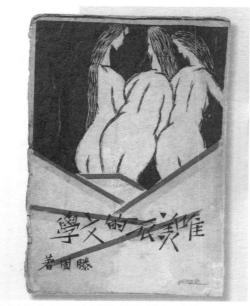

图 2-70 《唯美派的文学》封面 设计：小波 1927 年

图 2-72 《萌芽月刊》封面　设计：鲁迅 1930 年

图 2-73 《铁甲列车》封面 1932 年

　　1927 年，开明书店在上海成立，美术家丰子恺、钱君陶、莫志恒先后从事半专业的装帧设计工作。

　　较早的装帧艺术家中还有郑慎斋、孙雪尼、庞薰琹、季小波、沈振黄、张正宇等人，他们的极积参与使中国的书籍装帧设计逐渐走上了正规的道路。

　　c . 1930 ~ 1931 年的书籍封面设计（见图 2-73、图 2-74）。

图 2-74 《万象》封面　设计：胡考 1936 年

这一时期的封面设计，无论是构图还是表现手法，体现出设计者受西方现代艺术观念影响的痕迹。

②封面设计方法。

封面设计是书籍的"表情"。当读者看到书籍时，封面的"表情"在第一时间内能否给读者的心灵带来深深的触动，这就成为一本书籍成功销售的关键。封面不仅体现书的内容、性质，同时还要给予读者以美的享受，并且还能够起到保护书籍的作用。如何使封面能够体现出书籍的内容以及如何能使封面起到感应人的心理的作用等，是封面设计中最重要的一环。

封面常用的设计方法主要应遵循以下两个要素。

a．从简致精。

我们提倡简约设计，但简约不是设计的唯一。我们提倡认知上愉悦的设计，我们需要注入大量精力，投入到平面信息的提炼中。

简洁的形象易于识别，更能唤起美感。简洁化的程度必须服从书的不同性质、用途和读者对象，对众多形式要素进行概括和提炼，适当使用形的省略，表现出书籍的丰富内涵，会给读者留下想象的余地，增强作品的独特气质，凸显作品以少胜多、以一当十的艺术魅力。

图 2-75A、图 2-75B、图 2-75C 展示的主要是对主题的凝聚（纯化设计）而展现的封面设计案例。

图 2-75A 精装书封面 设计：杉浦康平

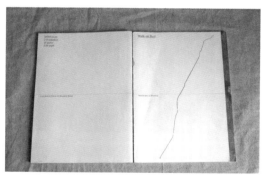

图 2-75C 《Walk On Red》

b．以繁求美。

封面本是内容的储存箱，这就需要对封面进行复合设计。所谓复合设计是指在封面设计的过程中需要注入很多信息，将围绕书籍内容有关的信息组合在一起，呈现繁多的视觉形象，将丰富的信息传达给读者（见图 2-76、图 2-77）。

图 2-75B 《土地》 设计：王序

图 2-76 《一点儿北京》封面与插图设计

图 2-77 《日本人的缩小意识》封面设计

（2）腰封设计

腰封也称为书腰纸，是书籍附封的一种形式，是包裹在书籍护封中部的一条纸带，属于外部装饰物。

腰封一般用牢固度较强的纸张制作。其宽度一般相当于书籍高度的三分之一，也可更大些，长度则必须达到能包裹封面、封底、书背，且前后各有一个勒口。腰封主要作用是装饰封面或补充封面的表现不足，还可以对书籍作广告宣传（见图 2-78、图 2-79）。

图 2-78 腰封设计

图 2-79 腰封设计

（3）书脊设计

书脊是将书籍从平面化的、二维的形态变成立体化的、三维形态的书籍的关键部位，在书籍设计中仅次于封面的重要视觉语言。汉斯·皮特·维尔堡在《发展中的书籍艺术》中这样说："一本书籍一生的百分之九十显露的是书脊而不是别的。"大部分书籍在书店销售的时候并不能将封面设计完整地展现在读者面前，而是插在书架当中，通常会被书脊这一平面取而代之，成为呈现在读者眼前的第一视觉语言，因而书脊设计显得尤为重要。

书脊上承载的信息有书名、作者名、出版社名称，如果是丛书，还要印上丛书名，书脊是书的"第二张脸"。

书脊的内容和编排格式由国家标准《图书和其他出版物的书脊规则》（GB/T11668—1989）规定。宽度大于或等于5毫米的书脊，均应印上相应内容。

书脊通常是以运用独特的构思与绚丽的色彩形成强烈的视觉冲击力，从而在众多繁杂的书籍中脱颖而出。但是在设计书脊的时候同样要考虑使书脊设计与整体书籍艺术风格融为一体，并且适合书籍内容（见图2-80~图2-82）。

图 2-80 书脊设计

图 2-81 书脊设计

图 2-82 德国最美的图书大奖作品

（4）封底设计

封底是整本书的最后一页，内容一般涉及书籍内容简介、著作者简介、封面图案的补充、图形要素的重复、责任编辑和装帧设计者署名，条形码、定价等。这些内容除了条形码、定价必须有之外，其他内容可以根据需要而定。

国际标准书码是以条形码形式列印与书后，可见于各零售商品的外包装，为必备的一组印制项目。条形码必须印在书后明显处，不可隐藏在折口或封皮内面；印制尺寸必须介于原始大小的85%~120%之间；必须以全黑印于白底色上，或印在无色的框线之内，与框线的距离必须大于两毫米（见图 2-83）。

图 2-83 《光是线》封底设计 设计：朱赢椿

（5）环衬设计

环衬是设置在封面与书心之间的衬纸，也叫连环衬页或蝴蝶页。在书籍的结构中，环衬页是从封面到正文的过渡，环衬页的设计要与书籍的整体风格统一。环衬的设计往往简约且低调，不能喧宾夺主。犹如演出舞台的幕布，既能渲染气氛，又能给人视觉上的停歇，引导读者进入阅读状态。

环衬可增加图书的牢固性，并起到装饰作用。一般有前后环衬之分，连接封面和扉页的称"前环衬"，连接正文与封底的结构称"后环衬"。环衬用纸一般切封面较薄，切书芯较厚。

环衬页的材料、色彩、图形、肌理的选择要与书籍的其他环节取得对比与和谐，产生视觉上的连续感（见图 2-84~ 图 2-87）。

图 2-84 环衬与书芯连接示意图

图 2-85 后环衬设计示意图（前环衬在前，结构与之相同）

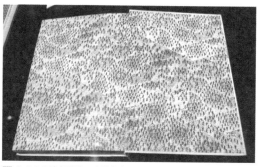

图 2-86 环衬设计：杉浦康平

图 2-87 环衬设计

（6）扉页（正扉页）设计

从书籍的发展历程看来，扉页的出现源于书籍阅读功能和审美功能的需要，是书籍不可或缺的重要组成部分。扉页是封面与书籍内部之间的一座桥梁。一本经典的书籍若缺少扉页，就好比白玉之瑕，减弱了其收藏价值。

扉页也称内封、副封面，在整个设计结构上起联系封面和正文、承上启下的桥梁作用。一般情况下扉页位于封面和环衬后的 8 页或 16 页面，通常情况下，扉页的内容及次序是：①护页；②空白页、像页、卷首插页或丛书名页；③正扉页；④版权页；⑤赠献、题词、感谢页；⑥空白页；⑦目录页；⑧空白页。从第九页开始是序言或按语。

太多的扉页会喧宾夺主，因此它的数量和次序都不能机械地规定，必须根据书的内容和实际需要灵活处理。平装书的扉页一般在目录或前言的前面。

正扉页，也叫书名页，它是扉页的核心，与其他部分相比，设计者更有机会发挥想象力和设计才能。

正扉页上的文字内容包括书名、著作者、编译者、出版社名称，是对封面文字内容的补充和进一步说明。按照人们的阅读习惯，正扉页的位置在版心的右边，且版式与封面大致相同。

随着人们审美水平的提高，扉页的质量也越来越好。有的采用高质量特种纸，有的甚至散发出清香，有的附有一些装饰性的图案或与书籍内

容相关且具代表性的插图设计等。这些对于 爱书之人无疑提高了书籍的附加价值，吸引更多的购买者（见图 2-88、图 2-89）。

图 2-88 扉页设计

图 2-89 扉页设计

（7）目录页设计

目录又称目次，是全书内容的纲要，是读者迅速了解书籍内容的窗口。

目录可以放在书的前面或后面，科技类书籍的目录必须放在前面，起指导作用。如果序言对书的结构和目录已有所论及，目录就应放在序言之后。文艺类书籍的目录也有放在书末的情况。

目录设计要条理分明，层次清晰，并统一在整个书籍设计的风格之中。

设计师要善于利用版面的空白，使读者在阅读时产生轻松、愉悦之感，标题越重要就越要留空白。如果能在密密麻麻的目录中使读者的眼

睛突然看到某块空白，相信这感觉仿佛是在长期的黑暗中突然见到了光明般的愉悦（见图 2-90、图 2-91）。

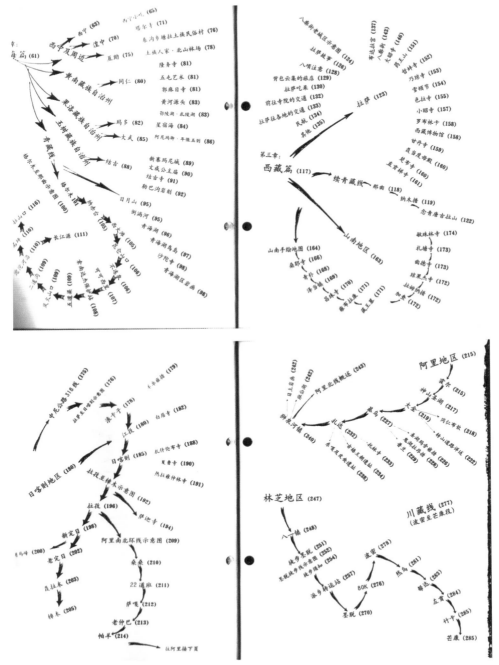

图 2-90 目录设计（图片来源于网络）

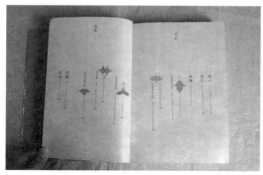

图 2-91 《美丽的京剧》目录页设计　设计：吕敬人

（8）订口、切口设计

书口是书籍结构中很重要的组成部分。书口也称切口，是指书籍订口外的其余三面切光部分，分为上切口，下切口、外切口。以往的书口仅限于切齐、打磨、抛光，而很少对这一区域进行特殊的表现。随着现代印刷加工技术的发展以及书籍整体设计意识的提高，书口成为书籍设计师发挥其独特想象力的领地。

西方早期的书其实是书脊朝内、切口向外，讲究的藏书家，往往会请人在书口上彩绘图案装饰。画面中出现的这批书全是出自 16 世纪意大利裴娄尼家族的私人图书馆，书口的彩绘出自艺术家 Cesare Vecellio（1521~1601 年）之手，约完成于 19 世纪 50 年代（见图 2-92、图 2-93）。

图 2-92 古典书籍书口设计

图 2-93 古典书籍书口设计

书口的设计一方面可以通过印刷上各种色彩或图像，呼应和协调书籍的整体视觉效果；另一方面也可以采用现代的模切技术进行整体切割模压，改变传统的直线形的书口，增添书籍的视觉趣味性。

订口是指从书籍订处到版心之间的空白部分。直排版的书籍订口多在书的右侧，横排版的书籍订口则在书的左侧。

以下是国内外书籍设计家的作品（见图 2-94~ 图 2-101）。

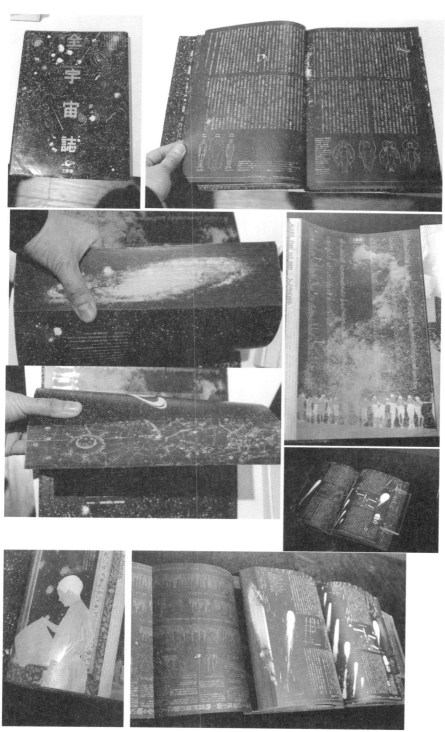

图 2-94 《全宇宙志》 设计：杉浦康平

图 2-95 德国设计家哈根·拜格的书籍切口设计

图 2-96 切口设计

图 2-97 荷兰设计师伊玛·布姆的书籍切口设计

荷尔弗里德·哈根·拜格：世界平面设计大师，被誉为当今德国与冈特—兰堡、乌威—勒斯、俞伯乐齐名的设计大师，1940 年生于德国汉诺威市，现居住于德国杜塞尔多夫市。德国国立杜塞尔多夫科技大学设计系和设计学院的创始人和奠基人之一，德国包豪斯设计的重要代表人物之一，德国包豪斯设计理念和风格、设计教育理论的重要继承人物之一，德国著名平面设计教育家，德国著名平面设计大师，国立杜塞尔多夫科技大学终身教授，DCKD 德国德中艺术设计交流协会主席。世界平面设计师联合会（AGI）委员，德意志制造联盟委员。

伊玛·布姆：荷兰设计界首屈一指的代表人物。独立设计 30 多年，她所设计的 300 部书籍，100 部被纽约现代艺术博物馆收藏，更多地为其赢得了几乎世界上最重要的设计奖项。

图 2-98 书籍切口设计　设计：小马哥 + 橙子

图 2-99 《当代电影艺术导论》书口设计　设计：刘晓翔

图 2-101 书籍订口设计　设计：小马哥 + 橙子

（9）正文设计

书籍的正文设计指书籍本体内容的阐述，是书籍最本质、最核心的部分。因为书籍主体设计要素包括文字、图形（或图像）、色彩、版式等视觉要素。书籍的正文设计涉及各类文字的应用，字体的字形、大小、字距和行距的设定都应考虑符合不同年龄读者的要求，因此，正文的文体必须考虑易读性，正文的版式设计也不易夸张，便于文本有效地反映书籍内容、特色和著译者的意图等信息。书籍正文的图形（或图像）的位置与正文文字、版面的关系要恰当，除了起到烘托和渲染主题内容的作用之外，还应达到美化版面的目的。书籍正文的设计应注意色彩的区域对比明确，版面的色调协调统一、层次分明，达到增强正文版面的视觉感染力的效果。

设计者根据书籍的不同性质、用途和读者对象，把文字、图形（或图像）、色彩、版式加以

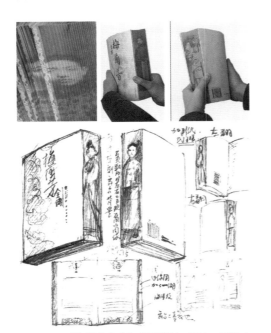

图 2-100 《梅兰芳全传》切口设计　设计：吕敬人

有效结合，从而表现书籍丰富的内涵，将书籍内容特质和美感传递给读者。

另外，正文内容的属性直接影响书籍的大小、厚薄和重量等（见图 2-102~ 图 2-105）。

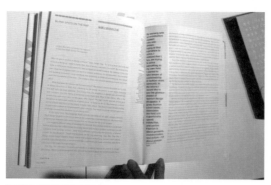
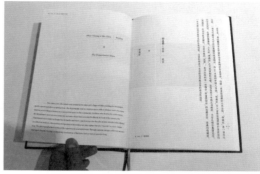

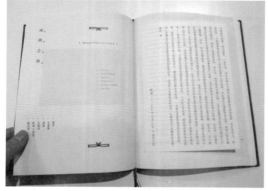
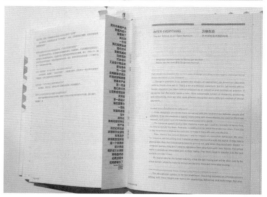

图 2-102 书籍正文设计　设计：小马哥 + 橙子

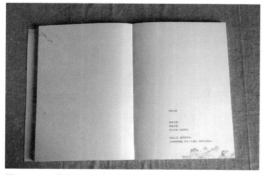

图 2-103 《冯 • 唐诗百首》内页版式设计　设计：
　　　　朱赢椿 霍雨佳

图 2-104 《大师画自己》以图片为主的版式　设计：
　　　　吴勇工作室

吴勇：1984 年考入清华大学美术学院（原中央工艺美术学院）装潢系书籍装帧专业，2006 年考入清华大学美术学院攻读艺术硕士并顺利毕业。曾任中国青年出版社美编室副主任，联合国儿童基金会（中国地区）艺术顾问；多次担任"靳埭强全球华人大学生设计奖"、"白金创意奖"等赛事评委；多次在各地作主题讲座。现为中国美术家协会平面设计艺术委员会委员，长江艺术与设计学院平面设计系主任、教授、硕士生导师，并担任中央美术学院设计学院、清华大学美术学院、北京服装学院装潢设计系客座教授。

图 2-105 《心经的力量》以文字为主的版式 设计：Typo—design

（10）版权页设计

版权页也称为版权记录页，一般设在扉页的背面或正文的最后一页，是每本书出版的历史性记录。版权页一般以文字为主，包括书名、著作者、编译者、出版单位、制版单位、发行单位、开本、印张、版次、印数、出版日期、字数、插图数量、书号、定价和图书在版编目（CIP）数据以及书刊出版营业许可证的号码，也有加印书籍设计和责任编辑姓名的。版权页的作用在于方便发行机构、图书馆和读者查阅，也是国家检查出版计划执行情况的直接资料，具有版权法律意义。版权页的设计应简洁清晰、便于查阅。

在版权页上，书名文字字体略大，其余文字分类排列，有的运用线条分栏和装饰，起到美化画面的作用（见图 2-106、图 2-107）。

图 2-106 《光是线》版权页 设计：朱赢椿

图 2-107 《美丽的京剧》版权页 设计：吕敬人

（11）前言、序言、后记页面设计

前言也称"前记"、"序"、"叙"、"绪"、"引"、"弁言"，是写在书籍或文章前面的文字。书籍中的前言，刊于正文前，主要说明书籍的基本内容、编著（译）意图、成书过程、学术价值及著译者的介绍等，由著译、编选者自撰或他人撰写。文章中的前言，多用以说明文章主旨或撰文目的，也可以理解成所写东西的精华版。

序，亦称"叙"，或称"引"，又名"序言"、"前言"、"引言"，是放在著作正文之前的文章。作者自己写的叫"自序"，内容多说明书籍的内容、写作缘由、经过、旨趣和特点；别人代写的序叫"代序"，内容多介绍和评论该书的思想内容和艺术特色。

后记指的是写在书籍或文章之后的文字。多用以说明写作经过，或评价内容等，又称跋或书后。

以上页面由于不如正文重要，故可以设计得较为简洁（见图2-108）。

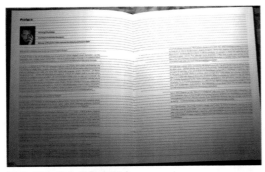

图2-108 外文书前言设计

2.3.3 书籍内部的特殊结构设计

本节主要对立体书的内部特殊结构的基本折法进行讲述，供设计师在实践过程中借鉴。

立体书属于图书出版的特殊领域，任何有心投入这个领域的设计者都必须先对立体纸艺的基本原理了如指掌。无论虚构文类或是纪实文类，都可以利用立体书的形式让内容更加生动活泼。

如果要把一部虚构的故事设计成立体书，设计者必须和作者、插画师携手合作，从中梳理出故事内容中的立体架构。一名立体纸艺设计师，往往扮演该书视觉效果的创作者；他不仅要发想全书概念、设计书中的立体构成，还得负责将工作分配给插画师与写作者。

设计立体纸艺本身是一项非常耗时的工作，需要不断地尝试、失败，再加上反复动手切纸、折纸，做出许许多多样本之后，最后才能得到最理想的结果。唯有透过经验的累积，立体纸艺设计师才能够了解各种不同的折法，看懂"展开图"（将三维立体造型摊成平面的结构拆解图）。所谓"组造"是指将三个平面互相结合起来的过程。立体书就是利用翻动纸张时产生的动能，在平面的跨页版面上创造出各种三维造型。作为一名立体纸艺设计师，必须在复杂精巧的立体造型与显示制作条件限制之间取得良好的平衡；组造零件与黏合点越多，对拥有特殊设备的专门印刷厂而言，每制作一页立体书所耗费的时间就会越长，成本也越高。本节首先将介绍立体纸艺的若干相关基本组造原理。

特殊形式内页设计，采用立体结构展现书籍内容。一般都是提前将纸张或纸板制作好立体插页，将立体插页折叠后粘贴在装订好的两个对开的页面上。当翻开页面时，靠两个对开页面的分离来展开折叠的插页，使插页构成立体形状。

纸张的折叠是赋予设计印刷品的使用功能的一种方式。不同的折叠方法可以让印刷品具备不同的阅读方式，而且也是设计师进行创意发挥的一个必不可少的重要切入点。以下为纸张的几种基本折法。

1. 四方平行折法（见图 2–109）

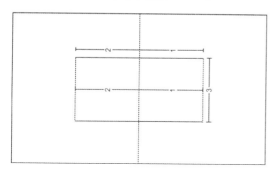

图 2-109 四方平行折法

此折法的垂直部分（1）与水平部分（2）两者的长度相等（1=2）。3 的长度则任意增减，形成各种立方体。

2. 短面配长面折法（见图 2–110）

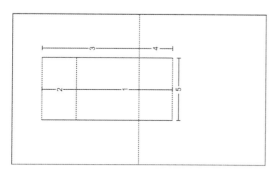

图 2-110 短面配长面折法

垂直部分（1）与水平部分（2）长度不相等；

1=3、2=4，5 则不限长度。此折法可形成立体矩形。

3. 小角配大角折法（见图 2–111）

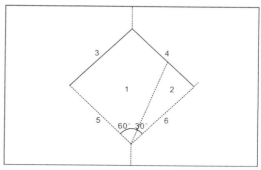

图 2-111 小角配大角折法

此折法由一个大角（∠1=60°）和一个小角（∠2=30°）组成。长度 3＝长度 6、长度 5＝长度 4。假如将折线设于菱形正中央，就会形成折角相等的立体造型。

4. 三角拱式折法（见图 2–112）

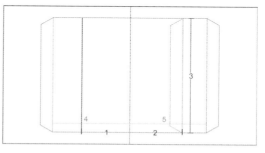

图 2-112 三角拱式折法

展开图上的青色线条为三角拱形的横跨图。长度 1= 长度 2、长度 4= 长度 5；4 > 1、5 > 2。减少 1、2、或增加 4、5 的长度，就会隆成更尖、瘦、高的三角形。此立体造型可以贴在书页表面，或利用纸舌插入沟缝，再粘贴在底页的背面；两边纸舌至少要有一边穿过沟缝，才能够巩固立体造型的强度。

5. 立柱折法（见图 2-113）

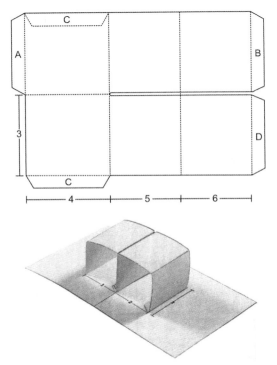

图 2-113 立柱折法

居中立柱位于订口，两片扶壁则各自贴附于订口两侧的页面上。1、2、3、4 的长度相等，长度 5= 长度 6。扶壁加上 1 的总长度不应大于页宽，否则，观赏书本时，压平的立体造型会突出于前切口。立柱与扶壁能在水平平台上形成非常稳定的基座。展开图上的纸舌 A、B、C、D 表示粘合点，灰色字母代表该纸舌穿过沟缝，贴在背面。

6. 立方体折法（见图 2-114）

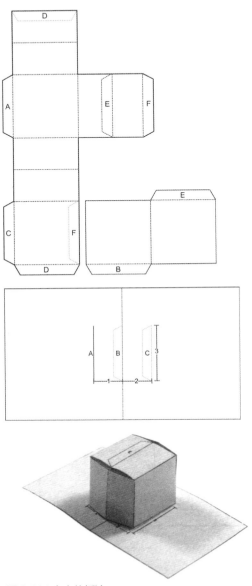

图 2-114 立方体折法

跨在订口折合处的立方体是很常用的立体造型，可用来充当许多物体。顶部与侧边的折线长度全部相同。1、2 的长度相同，3 的长度可决定该立方体的形状，A、B、C、D、E、F 的长度必须一致。

7. 圆柱体折法（见图2-115）

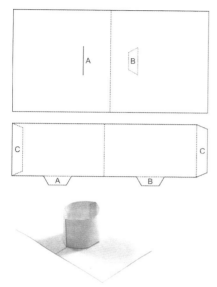

图 2-115 圆柱体折法

圆柱体和正圆球体一样，都很难实现，因为在营造曲面的同时，由于结构上的需要又必须保留侧边的纸舌。C的长度即为该圆柱体的高度。纸舌C与长纸条的另一端粘合，形成圆柱。纸舌A与纸舌B则负责连接圆柱与底页。

8. 半圆形桥拱折法（见图2-116）

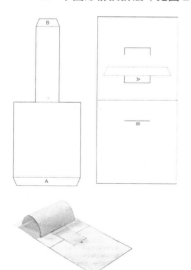

图 2-116 半圆形桥拱折法

夹挤纸张的两边形成弧拱形。在底页上切出三道沟缝：一道在右页，将凸舌（B）穿进这道沟缝，加以贴固；长条部分则穿过另两道位于左页的沟缝。调整矩形的长度或宽度，弧拱的弧度与高度便会随之改变。沿着弧拱正中央划出一道压线，即可形成尖弧拱。展开图上的字母代表粘合点，灰色字母则代表凸舌插入，贴于底纹的背面。

9. 转轮折法（见图2-117）

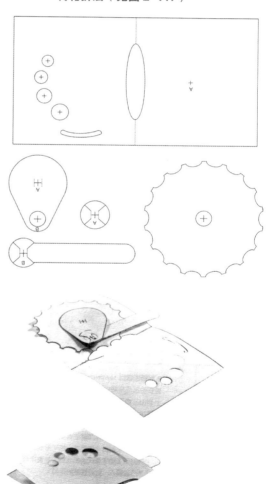

图 2-117 转轮折法

A的两片小凸舌穿过转轮正中央的小洞，再粘贴于底页背面，由那两片凸舌把转轮扣在定位。

这样，轮、轴装置便可隐藏在立体书的折页内部。在折页书口上挖出一道小缝，露出转轮圆周，如果在转轮圆周上做出齿痕，转动起来就更容易了。在转轮上加装凸轮和轴心，就成了可操控页面动作的操纵杆。摇臂的动作取决于凸轮与转轮的转动中心的距离。操纵杆端点的 B 点和凸轮上的 B 点相互扣榫。

10. 拉柄传动装置的折法（见图 2–118）

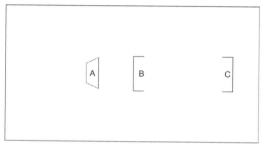

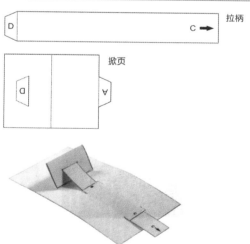

图 2-118 拉柄传动装置的折法

图 2-119 纸张结构设计

图 2-120 纸张结构设计

将纸片对折做成掀动的页片，上面粘上一道长条状的纸当作拉柄。长条纸从沟缝 B 穿到纸页背面，再从沟缝 C 穿出页面。掀页上的纸舌 A 贴在底页上。当读者抽引长纸条的末端（C），就使掀页翻起 180°；把长纸条推回去，掀页则会翻向另一边。掀页与长纸条的纸舌 D 相互粘合于掀页内部的粘合点（灰色 D）上。

图 2-119~ 图 2-129 为立体书籍作品欣赏。

图 2-121 立体书

图 2-122 立体书

图 2-123 立体书

图 2-124 《四合院》立体结构 设计：萧多皆

图 2-125 纸张结构设计（素材来源于"绘本的秘密"）

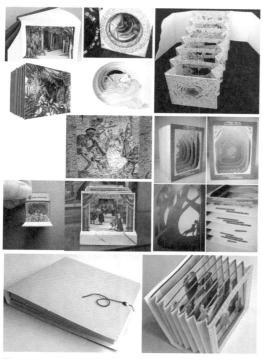

图 2-126 纸张空间感塑造（素材来源于网络）

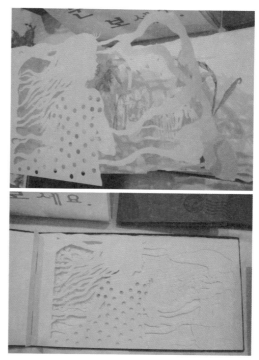

图 2-127 纸张立体构造

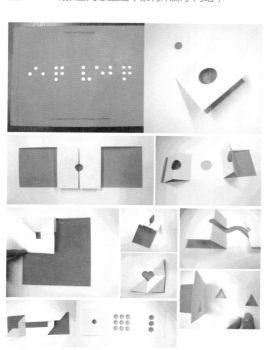

图 2-128 纸张立体造型塑造

图 2-129 纸张四维空间的塑造（图片来源于网络）

优秀作品赏析：28 位设计师的《我是猫》

　　《我是猫》是日本近代被称为"国民大作家"的夏目漱石的一部长篇讽刺小说，作者用风趣幽默的手法对社会进行揭露和批判。作品以猫为故事的叙述者，通过它的感受和见闻，写出了它的主人穷教师苦沙弥及其一家人平庸琐碎的生活以及他们和朋友们谈古论今、嘲弄世俗、故作风雅的无聊世态。小说描写夸张细腻，语言诙谐有趣，处处蕴含着机智和文采，让读者在笑声中抑制不住地惊叹。

　　如何在当下再现昔日的经典著作？为了让读者重拾它的独特之美，日本 Graphic 社编辑部邀请在日本各大领域大显身手的 28 位设计师对该书重新装帧，结集出版再现《我是猫》（见图 2-130）。虽然每位设计师都是以《我是猫》为题材进行设计，但设计师们所提出的前所未有的书籍设计方案，再由印刷加工公司将他们变成实体书，最终呈现了这些花费心力的作品。本书不能对每件作品一一介绍，其中选出五件精彩的案例进行分析。

图 2-130　《我是猫》部分设计师作品

1. 设计师帆足英里子设计的《我是猫》

　　该书首先夺人眼球的就是书脊下面伸出来的毛茸茸的"猫尾巴"。这是用人造皮毛制作的，翻动的时候，像有只猫在动一样。从整体上看，可以将这部书想象成一只猫。帆足英里子根据题目中的"猫"字中的"田"这个部首与"猫眼睛"融合。本书书名和作者名的字体全部采用日本古典明朝体，线条细瘦的文字经过放大、简洁排列后，不仅让人感到了其中的幽默感，还能体现出一代文豪的宏伟气魄和"我"的威严风格。设计师分别用黑、白、茶色将书分为上、中、下三卷，书的护封、封面、扉页、内页全部采用物美价廉、与猫皮有相似触感的环保纸。与封面的色调相配的书口和堵头布、圆形的书脊等都会让人想到猫的脊背以及"这本书整个就是一只猫"的概念，在细节设计上也表现得始终如一。此书新颖独特、诙谐轻松，让人爱不释手，倍感亲切（见图 2-131）。

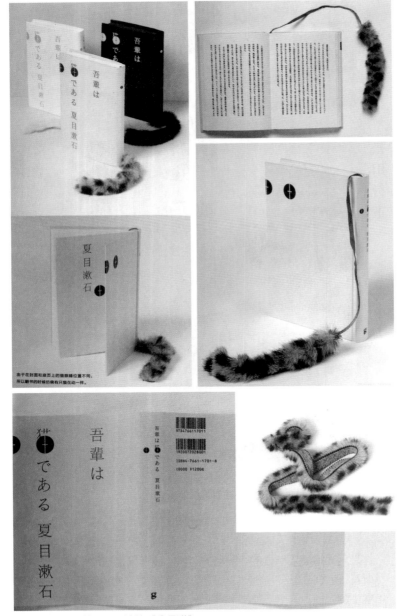

图 2-131 帆足英里子设计的《我是猫》

2. 设计师寄藤文平设计的《我是猫》

本书封面的书名的"猫"用栩栩如生的猫爪痕迹替代，通过巧妙的象征表现，让人似乎听到猫爪划动时的刺刺啦啦声，意在引发阅读者的阅读冲动，设计形式打破了书籍装帧的规则，使古老的作品再现活力。

护封上的猫爪是对书的护封进行二次冲压加工，使一部分的猫爪印具有深浅不同的立体感，透过冲压出来的猫爪印迹就可以清楚地看到下面的封面，惟妙惟肖。书的封面采用黄色，书的四边设计为白色，这本书看起来是一本白色、简洁的书，扉页使用透明感的纸张，看上去像覆盖了一层石蜡纸一般。环衬用纸保持了风格上的一致。猫爪印迹可以说是设计精华的集中体现（见图2-132）。

图 2-132 设计师寄藤文平设计的《我是猫》

3. 设计师新村则人设计的《我是猫》

在设计这本书的过程中，为了更真实地表现出猫爪印迹，设计师采用了树脂灌封加工工艺设计封面。通过凸起来的透明树脂，立体地表现出肉嘟嘟的猫掌那既丰满又富有弹性的特质，纸张

使用具有润滑特点的特殊纸。采用具有动物皮肤触感的纸张，这种纸拿在手里，似乎感觉到猫爪肉嘟嘟的感觉，仿佛在抚摸一只小猫，让人感到一种无以名状的舒适感。

内页设计更加独特。在内页下边的余白上，表情丰富的各种猫爪印迹绵延不断。而且仔细观察，你会发现这些猫爪印迹当中，会混迹着一些小圈，或看似老鼠爪印的不同痕迹，通过这些痕迹你会觉得猫咪仿佛跳过了一个水坑，或者登上了一堵墙。这些不断移动的猫爪印，就好像在叙述一个故事，一只淘气的猫的形象跃然纸上。在这次设计中，设计师参考了真实的猫的印迹，用电脑进行了加工，使之富有变化。真实的猫爪印迹编织出猫咪栩栩如生的日常生活轨迹，猫爪印迹从环衬到扉页、内页，最后一直延续到版权页，然后再回到封面，让这只猫永远活在这本书里。

这部书的书籍设计，让人仿佛感受到了猫的叫声、毛的体重，它看起来很漂亮，摸起来很舒服。它倾注了设计师对那只猫温情脉脉的关爱，而这正是这本书所特有的一处值得玩味的地方（见图2-133）。

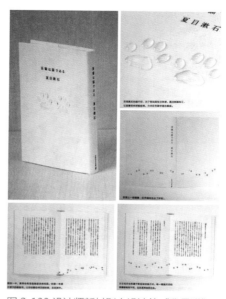

图 2-133 设计师新村则人设计的《我是猫》

4. Buffalo-D 团队设计的《我是猫》

设计团队考虑到这本书的阅读对象定位在25岁左右的年轻人，应该反映20多岁青年人的价值观。现在的年轻人随身携带的手机、ipad、游戏机等必需品，体积越来越小，创作灵感便油然而生。

这本书是一本拿在手里舒服、读起来顺手的小型精装书。配有圆角的书形、无纺布的毛料触感让人感到仿佛在抚摸一只小猫，且简单的设计中透着一份可爱，用括号和横线进行的巧妙组合表现出了猫眼，这可见设计师们的独具创意。

从不能破坏名著形象，又要方便阅读的角度来说，正文最后的字体选择了最能体现汉字和假名节奏平衡的岩田明朝旧体。在版面设计上，设计师尽量做到了行间距充分、没有压迫感，让读者能轻松顺畅地读下去。并采用了广告中常用的正文排版方式，使阅读更容易（见图2-134）。

图 2-134 Buffalo-D 团队设计的《我是猫》

5. 都筑晶绘设计的《我是猫》

这本书在装订上，采用了"三点缝制法"，将封一、封四、书脊全部分开，然后再将这些部分用麻线缝起来。从外观看，很像日式线装书，但其装订特点是这三个部分并没有粘连在一起。这种装订方法是用麻绳缝成一个"八"字，内侧和外侧来回缝三回。书可以打开180度以上，由于书脊和封面是分开的，看似不牢固，实际上使用的线都是麻线，非常结实。封面采用了具有棉布柔软触感的无纺纸。姜黄色的封面，白色的书脊，墨绿色的环衬，形成了强烈的对比，看上去既有和式的风格，又有现代的朝气。

这本小说中出现的猫并不是宠物，更像是一个屋檐下的同居人，而和主人公的关系似乎也不是宠物与主人的关系，应该是那种若即若离，保持着一定距离感的另类关系。因此，采用这种装订也符合这样的关系。

这本书的设计告诉我们：传统的技术不但精湛，还可以根据文章或排版，以及书的内容等进行不同的装订。即使没有高超的技艺，只要稍下工夫，也能装订出一本既简洁又美观的书籍（见图2-135）。

图 2-135 都筑晶绘设计的《我是猫》

思考题：

1．书籍设计如何实现内容和形式的统一？

2．书籍整体设计中最重要的环节是什么？你觉得设计的难点在哪个方面？

3．如何在书籍中注入信息有序演绎的轨迹？

4．如何塑造书籍的"动态"感？

5．对当地某特色书店进行市场调查，从书籍的"内在修炼"和"外部打造"两个方面进行深度市场调查和分析。并对有特点的书籍进行分析，撰写一篇市场调查报告（2000字以上），同时制作成可供课堂讨论的PPT文件。

6．请从绘本插图艺术的独特之美角度对市面上有特色的绘本书籍进行分析。

第三章　书籍的装订工艺

书籍是一个相对静上的载体，但它又是一个动态的传媒，当把书籍拿在手上翻阅时，书直接与读者接触，书籍纸质散发的清香加之缀线穿梭在书帖之间的流动之美，随之带来视、触、听、嗅、味觉等诗意感受。此时书随着眼视、手触、心读，领受信息内涵，品味个中意韵，书可以成为打动心灵的生命体。进行手工装订实践之前，需要对书籍装帧的基本常识作必要的了解。

3.1
常见的书籍装帧材料

3.1.1 书籍装帧基本常识

1. 开本

开本一词源自欧洲羊皮纸的使用。

开本是指版面的大小，也就是指书籍的成品尺寸。设计一本书，首先要确定开本。作为一个预设的尺寸，开本确定了书籍整体的比例大小及视觉表现范围。开本和纸张联系密切。我们通常以一张全开张纸为计算单位，每张全开纸剪切和折叠多少小张就称为多少开本。目前我国习惯上对开本的命名是按照几何级数来命名的，常用的分别为整开、对开、4开、8开、16开、32开、64开等。

纸张的裁切方法一般包括几何级数开切法、直线开切法、纵横混合开切法。几何级数开切法也称正开法，是以2为级数进行裁切的方法，将全开纸对折后裁切为对开，继续对折裁切成4开、8开、16开、32开、64开等幅面。正开法不仅纸张的利用率高，而且便于折页和装订，节省人力、物力，是目前最为普及的纸张裁切法。另外，还有直线开切法，它能充分利用纸张，不会产生多余纸边，因纸张有单双数之分，后期的印刷与装订过程中不能全面采用机器操作，具有一定的局限性。纵横混合开切法则无法充分利用全开纸张，在裁切的过程中会产生纸边，造成浪费，增加书籍的印刷成本，因此不是最常见的经济型的裁切方法（见图3-1~图3-3）。

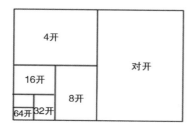

图 3-1 几何级数开切法

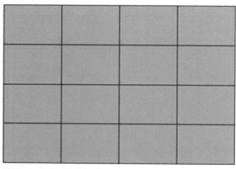

图 3-2 直线开切法

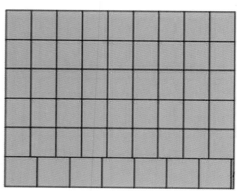

图 3-3 纵横开切法

常见的印刷用纸如下。

①幅面787毫米×1092毫米的尺寸是我国当前工业纸张的主要尺寸，也称为正度纸。国内造纸、印刷机械绝大部分都是生产和适用这种尺寸的纸张，但在其他地区已经很少采用这种尺寸的纸张了。

②幅面850毫米×1168毫米的尺寸是在上一种纸张大小的基础上，为适应比较大一些的开本需要而生产的，也称为大度纸。

③幅面889毫米×1194毫米的纸张比其他同样开本的尺寸都要大，因此在印刷时纸的利用率较高，所印刷出的书籍外观也比

较美观、大方。

另外还有幅面 880 毫米 ×1230 毫米尺寸的纸张等。

书籍使用的开本多种多样，实践设计中一般要根据书籍的性质而定。书稿的字数与图量、阅读对象以及书籍的成本等确定开本的尺寸。

2.　开本的类型

书籍的开本按开数可以分为不同类型；而同一开数的开本，幅面大小又有不同的规格。可分大型本（12 开及以上）、中型本（16 ～ 32 开）和小型本（32 开及以下）三类。因为用以开切的全张纸有大小不同的规格，所以按同一开数开出的开本也有不同的规格。

全张纸规格的变动，开本的尺寸也会随之变动，不同规格丰富了书籍的开本形式，更适应了各种书籍的不同需求（见图 3-4）。

开本	书籍幅面（净尺寸）		全开纸张幅面
	宽度	高度	
8	260	376	787×1092
大 8	280	406	850×1168
大 8	296	420	880×1230
大 8	285	420	889×1194
16	185	260	787×1092
大 16	203	280	850×1168
大 16	210	296	880×1230
大 16	210	285	889×7794
32	130	184	787×1092
大 32	140	203	850×1168
大 32	148	210	880×1230
大 32	142	210	889×1194
64	92	126	787×1092
大 64	101	137	850×1168
大 64	105	144	880×1230
大 64	105	138	889×1194

图 3-4 常见开本尺寸列表

3.　开本选择的原则

只有确定了开本的大小之后，才能根据设计的意图确定版心、版面的设计、插图的安排和封面的构思，并分别进行设计。独特新颖的开本设计必然会给读者带来强烈的视觉冲击力。

开本的选择依据以下原则。

①书刊的性质和专门用途，以及图表和公式的繁简和大小等。

②文字的结构和编排体裁．以及篇幅的多少。

③使用材料的合理程度。

④使整套丛书形式统一。

4.　开本选择的依据

书籍开本的设计要根据书籍的不同类型、内容、性质来决定。不同的开本便会产生不同的审美情趣，不少书籍因为开本选择得当，使形态上的创新与该书的内容相得益彰，受到读者的欢迎。

（1）书籍的性质和内容

因为书籍的高与宽已经初步确定了书的性格。吴勇曾说："开本的宽窄可以表达不同的情绪。窄开本的书显得俏，宽的开本书给人驰骋纵横之感，标准化的开本书则显得四平八稳。设计就是要考虑书在内容上的需要。"

①诗集，一般采用狭长的小开本。合适、经济且秀美。诗的形式是行短而转行多，读者在横向上的阅读时间短，诗集采用窄开本是很适合的。相反，其他体裁的书籍采用这种形式则要多加考虑，同时需考虑纸张的使用，设计是因书而异的。

②经典著作、理论书籍和高等学校的教材篇幅较多，一般大 32 开或面积近似的开本合适。

③小说、传奇、剧本等文艺读物和一般参考书，一般选用小 32 开，方便阅读。为方便读者，书不宜太重，以单手能轻松阅读为佳。与这类似的现代文学艺术丛书体积较小，但字体大小适中，柔软的封面又便于手拿。因开本较小，价格也较便宜，价格贴近大众，有相当的读者群。

④青少年读物一般是有插图的，可以选择偏大一点的开本。

⑤儿童读物因为有图有文，图形大小不一，文字也不固定，因此可选用大一些接近正方形或者扁方形的开本，适合儿童的阅读习惯。

⑥字典、词典、词海、百科全书等有大量篇

幅，往往分成 2 栏或 3 栏，需要较大的开本。小字典、手册之类的工具书开本选择 42 开以下的开本。

⑦图片和表格较多的科学技术书籍注意表的面积、公式的长度等方面的需要，既要考虑纸张的节约，又要使图表安排合理，故一般采用较大和较宽的开本。

⑧画册是以图版为主的书籍，先看画，后看字。由于画册中的图版有横有竖，常常互相交替，采用近似正方形的开本，合适、经济、实用。画册中的大开本设计，视觉上丰满大气，适合作为典藏书籍，有收藏价值，但需考虑到成本的节约。

⑨乐谱一般在练习或演出时候使用，一般采用 16 开本或大 16 开，最好采用国际开本。

（2）读者对象和书的价格

读者由于年龄、职业等差异对书籍开本的要求就不一样，如老人、儿童的视力相对较弱，要求书中的字号大些，同时开本也相应放大些。青少年读物一般都有插图，插图在版面中交错穿插，所以开本也要大一些。再如普通书籍和作为纪念品的书籍的开本也应有所区别。

（3）原稿篇幅

书籍篇幅也是决定开本大小的因素。几十万字的书与几万字的书，选用的开本就应有所不同。一部中等字数的书稿，用小开本，可取得浑厚、庄重的效果；反之用大开本就会显得单薄、缺乏分量。而字数多的书稿，用小开本会有笨重之感，以大开本为宜。

（4）现有开本的规格

开本的设计要符合书籍的内容和读者的需要，不能为设计而设计、为出新而出新。书籍设计要体现设计者和书本身的个性，只有贴近内容的设计才有表现力。脱离了书的自身，设计也就失去了意义。

设计开本要考虑成本、读者、市场等多方面因素。应该说，书也是一种商品，不能超越这个规律，书籍设计必须符合读者和市场的需要（见图 3-5~图 3-7）。

图 3-5 异型开本书籍

图 3-6 《怪哉》 设计：宋晨 指导：原博

图 3-7 《端午》 设计：家兴 指导：朱爱国 高蓬

3.1.2 常见书籍装帧材料

书籍作为承载知识的物化形态，必须依据一定的材料才能进行制作。

书籍装帧所使用的材料，不仅有纸张，较为广泛采用的还有丝织品、布料、皮革、木料、化纤、塑料等。仅以纸张为例，其品种、克数、颜色、肌理，均直接影响到书籍的艺术质量，并给读者以不同的视觉感受。装帧材料的选择，往往是设计家强有力的表现手段。

1. 纸类材料

纸是最具代表性的书籍材料，没有纸张，从某种意义上讲就没有书籍的历史。尽管受到数字媒体的冲击，纸张在当前时代的出版和传播中仍然起着十分重要的作用。下面介绍有关纸张的术语。

（1）纸张术语

①纸张质量。即纸张的厚度，以定量和令重表示。定量又称克重，是纸张每平方米的重量。令重表示每500张纸的总重量。一般用克重表示纸张的厚度，如128克、157克、200克、250克。

②印张。指图书出版物用纸的计算单位。它是现代图书生产和经营管理中必不可少的计算单位。一张全开纸正反两次印刷的二分之一称为一个印张。在已确定了开本的前提下，印张数量与页面多少是成正比的。页面多则印张多，页面少则印张少。书籍印张的计算公式：全部页面（含与正文关联的空白页、零页）除以开本书。以16开本图书为例，一本200面（100页）的图书，它的印张为：200÷16=12.5印张。

纸是书籍设计的媒材。书籍设计材料的选择，经历了不同时代的多种形式：殷商使用甲骨—周使用青铜—秦汉使用帛—东汉使用纸张，西方苏美尔人烧制的陶土—古罗马人使用的蜡板—埃及人采用的莎草纸以及欧洲人使用的羊皮纸，不同的书籍材料由于材质的不同，呈现出不同的触摸感、耐磨性和平整性。

尽管当前非纸质形式的书籍大为流行，但人们依然乐于感受纸张的魅力。纸张的纤维经过搓揉、磨压，具有耐用结实的使用功能与不可思议的文化韵味，纸张的褶皱叠纹、凹凸起伏，透过光的穿越，展现出丰富又微妙的感情（见图3-8~图3-10）。

图 3-8 纸张

图 3-9 封面设计：杉浦康平

图 3-10 纸张立体造型

（2）中国古代造纸和用纸

书籍构成的基本特征，是将文字用墨印在纸上，而纸在发明、制作和生产方式的演进中，中国的贡献可以说是功不可没。现代社会虽然还有其他媒介的不断涌现，但它们都不能取代纸所拥有的永久性功绩。

纸是由中国古代劳动妇女在水中漂洗棉絮时不经意发明的，最初的纸比较厚，粗糙，难于书写。已出土的众多的西汉麻纸，主要在民间及军队下层士兵中使用，最初作为书写和包装材料。劳动妇女用旧的棉絮制造出最初的纸，于是旧的鱼网、破布、麻头、废弃的蚕茧、丝绵等成了最初的造纸原料，后来用树皮经过浸泡、捶打，成为树皮布，最初用于制衣，后来用于造纸。树皮对造纸术的发展起到重要的作用。

东汉时期，蔡伦总结西汉民间造纸经验，通过蒸煮工序，用碱液使原料变软，纤维变细，便于捣碎，容易清洗，造出较好的麻纸。又以树皮造出皮纸，使纸进入了实用阶段，为印刷术的发明、发展和完善提供了物质条件。

汉末，左伯对纸进行了改良，使纸的质地更加精细、洁白、光滑，这种纸叫做"左伯纸"。公元 3 世纪，纸慢慢取代竹、木和缣帛，而作为中国古代书籍的重要制作材料。

魏晋南北朝时期，纸的质量不断提高，人们开始用纸书写，简策、木牍和缣帛逐渐被淘汰。隋唐五代时期，造纸术进一步发展，唐代纸有了生纸和熟纸之分。宋元时期出现了造再生纸的工艺。明清时期，纸的质量、产量、用途、产地比前代有所发展，大规模的造纸槽坊出现，造纸原料有竹、麻、皮料和稻草等，竹纸产量占首位。清代出现了较高水平的造宣纸技术。

西汉的麻纸；蔡伦纸、左伯纸；魏晋南北朝时期的皮纸、桑皮纸、藤皮纸、黄纸；隋唐时期的生纸和熟纸、白蜡纸、粉蜡纸以及金花纸、银花纸、水纹纸；五代时，在南方出现颇负盛名的"澄心堂纸"供宫中御用；宋元时期竹纸广泛使用，纸的品种品类繁多。明清两代不但在造纸技术上推陈出新，而且在纸的加工技术上，也集历史之大成。

（3）现代印刷用纸材料

①胶版纸。适合胶版多次套印彩色得名，主要供胶印印刷机印刷较高级的彩色印刷品时使用。胶版纸适合印制单色或多色的书刊封面、正文、插页、画报等。

②轻型纸。即轻型胶版纸，质优量轻、价格低廉，不含荧光增白剂，高机械浆含量，环保舒适。印刷适应性和印刷后原稿还原性好。为广泛使用的纸张。

③铜版纸。纸面上涂染了白色涂料的加工纸，质地光洁细密，涂层牢固，抗水性好，强度较高。铜版纸不耐折叠，一旦出现折痕，极难复原。适合印刷书刊的插页、封面、画册等使用。

④哑粉纸。正式名称为"无光铜版纸"，在日光下观察，与铜版纸相比，不太反光，用它印刷的图案，虽没有铜版纸色彩鲜艳，但图案比铜版纸更细腻、更高档。

⑤蒙肯纸。蒙肯纸为音译叫法，在瑞典的Munkdkal（蒙肯戴尔），当地的一家造纸企业生产的轻型纸张就地取名也叫 Munkdkal，当这种纸首次被引进到中国时，它便有了"蒙肯"这个名字。由于它是我国最早引进的轻型胶版纸，所以现在国内便习惯性地称这一类纸为蒙肯纸，从事纸业的人士一般直接称其为"蒙肯"。在欧美及日本等经济发达的国家，书店里 95% 以上的图书是用这种纸印刷。

蒙肯纸儒雅飘逸，富有书卷气质且手感极佳，印刷出的书刊、画册重量极轻，使人感觉亲切温和。市场上将近 40% 的中、高档图书都是用这种纸印刷的。蒙肯纸的广泛应用是图书出版业的发展趋势。

蒙肯纸的特点有以下几个方面。

a．轻厚、轻型。蒙肯纸的松厚度非常好，一般以系数表示其厚度，它的系数有 1.3、1.5、1.8等。系数是指纸张的厚度除以定量，所以此种纸可以以同等厚度替代原来高定量的纸张，从而节约运费和邮资成本。

　　b．颜色自然。蒙肯纸由化学浆制成，不含荧光增白剂，因加入特殊染料而呈奶白色或淡米色，相比起普通的铜版纸、胶版纸，蒙肯纸的颜色较暗，与木浆原色相近。用蒙肯纸印刷的书刊给人一种古朴、自然的感觉，长时间阅读不会造成视觉疲劳。

　　⑥道林纸。"道林纸"正名应为"胶版印刷纸"或"胶版纸"，是专供胶版印刷的用纸，也适用于凸版印刷。适于印制单色或多色的书刊封面、正文、插页，画报、地图、宣传画、彩色商标和各种包装品等。

　　⑦新闻纸。又称"白报纸"，多印刷报纸、刊物等。纸面平滑，吸墨性强，干燥快。

　　⑧硫酸纸（植物羊皮纸）。呈半透明状，纸页的气少，纸质坚韧、紧密，而且可以对其进行上蜡、涂布、压花或起皱等加工，其外观和描图纸相近，常用于书籍的环衬（或衬纸）、扉页等。硫酸纸又称制版硫酸转印纸，主要用于印刷制版业，具有纸质纯净、强度高、透明好、不变形、耐晒、耐高温、抗老化等特点，广泛适用于手工描绘、走笔、喷墨式 CAD 绘图、工程静电复印、激光打印、美术印刷、档案记录等（见图 3-11）。

图 3-11 "敬人纸语"纸张展示区

（4）其他特种纸

　　特种纸也是纸张的一种，由于有特殊的纹理与表面处理，使之与普通的常用纸有很大的区别，也导致了它的价格高和尺寸的特殊，所以我们称之为特种纸。书籍封面的设计很大一部分选择特种纸制作。特种纸带来的视觉效果是难以想象的，往往设计者的灵光一闪就被特种纸表现得淋漓尽致，在书籍的封面设计上运用特种纸有利有弊，设计者要谨慎选择。由于大部分特种纸本身带有色彩，所以设计者在设计封面的时候要充分地考虑这些因素，只有对设计后期非常熟悉的人才会把特种纸表现得完美无瑕（见图 3-12）。

图 3-12 特种纸

2. 特殊材料

在现代书籍设计中，出于对求异、求新的审美追求，大量的纤维织物、复合材料、金属、木材、皮革等材料创造性地运用在书籍的装帧设计中。

（1）棉麻丝纺织物

包括稠密的棉、麻、人造纤维等，也包括光润平滑的榨绸、天鹅绒、涤纶、贝纶等。设计者可以根据书籍内容和功能的不同，选择合适的织物。如经常翻阅的书可考虑用结实的织物装裱，而要表达细腻的风格则可选用光滑的丝织品等。目前，也有许多直接采用衣物材质进行书籍封面包装的案例，如牛仔裤的斜纹和线头都会给设计师以灵感（见图 3-13~ 图 3-15 ）。

图 3-13 《A TRIP》 设计：胡有莉 指导：李昱靓

图 3-14 Sari Book 2003

图 3-15 Untitled 2006

（2）皮革类

皮革作为封面设计的材料之一，相对来说价格昂贵，且加工困难。通常是数量很少且需要珍藏的精美版本，才使用这种昂贵的材料。各种皮革都有它技术加工和艺术上的特点，在使用时要注意各种皮革的不同特性。

猪皮的皮纹比较粗糙，以体现粗犷有力的文学语言见长；羊皮较为柔软细腻，但易磨损；牛皮质地坚硬，韧性好，但加工较为困难，适用于大开本的设计。优质的皮革，由于其美观的皮纹和色泽，以及烫印后明显的凹凸对比，使它在各种封面材质中显得出类拔萃。

仿皮（PU皮）。人造革和聚氯乙烯涂层都可以用来擦洗、烫印，加工方便，价格便宜。因而是精装书封面经常采用的材料，尤其是用量较大的系列丛书封面，也常用于平装书的封面（见图 3-16、图 3-17）。

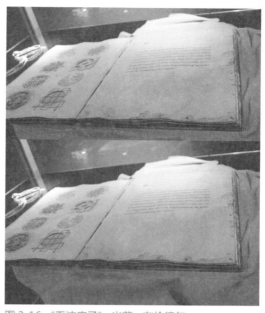

图 3-16 "看这皮子" 米萨·布伦德尔

图 3-17 第八届全国书展展出作品

（3）木质材料

木质材料包括木材、竹子、藤、草类等，在书籍封面设计中经常使用。木质材料在近期的书籍封面制作上经常使用。木质材料价格相对较高，加工复杂困难，这让设计者为之发愁。不过木质材料在书籍封面设计的效果上，有不可估量的影响力。中国有五千年文化历史，从有文字记载算起，大部分书籍在古代就采用了木质、竹质载体，所以在书籍的文化底蕴和整体的档次上，木质材料有超强的表现力（见图 3-18）。

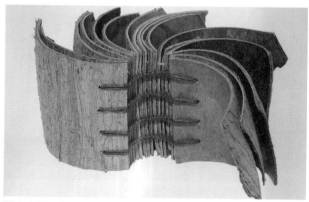

图 3-18 Bark 2005

（4）金属材料

在现代书籍设计中，金属材料通过现代加工工艺以及切割技术，形成了更加丰富的色泽肌理和形态变化，而金属材料的质地、肌理和重量感与书籍正文纸张产生了强烈的视觉对比和心理反差，为书籍带来鲜明的时代美感（见图 3-19）。

图 3-19 金属材料书籍

（5）复合材料

现代工艺技术的发展，使复合材料广泛用于书籍的装帧。因其韧性好、可塑性强、表面肌理丰富、手感好等特点，能充分体现书籍功能性需求。

随着社会的发展和技术的进步，更多不同的材料应用于书籍的装帧设计之中。作为传达信息的一种手段，材料的选择必须在书籍整体设计要求之下依据具体内容而定，合理选材，恰当实施，才能真正发挥材料的使用价值（见图 3-20~ 图 3-28）。

图 3-22 特殊材料堆积产生的触觉肌理

图 3-20 一千根烟 设计：克里斯托弗 •K• 王尔德

图 3-23 Untitled 2006

图 3-21 有创意的书籍

图 3-24 Untitled 2004

图 3-25 《我爱》　设计：窦旭　指导：李昱靓

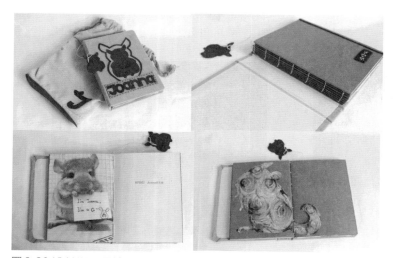

图 3-26 JOANNA　设计：江佳心　指导：李昱靓

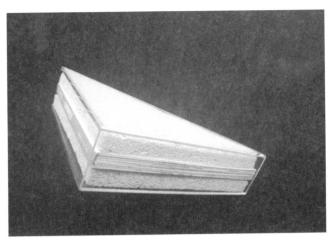

图 3-27 材料的运用

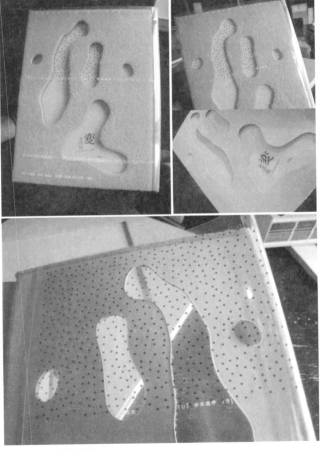

图 3-28 材料的运用

3.2
书籍常用的装订工艺

装订工艺是书籍印刷后成型的最后一道工序，是书籍从配页到上封成型的整体作业过程，包括把印好的书页按先后顺序整理、连接、缝合、装背、上封面等加工程序。装订书本的形式可分为中式和西式两大类。中式类以线装为主要形式，其发展过程，大致经历简策装（周代）、缣帛书装（周代）、卷轴装（汉代）、旋风装（唐代）、经折装（唐代）、蝴蝶装（宋代）、包背装（元代），最后发展至线装（明代）。现代书刊除少数仿古书外，绝大多数都是采用西式装订。

图书以绳线缀订防止散落，其法起源很早。在中国可追溯至远古时代文字尚未发明前人类以实物来表达思想之时期，云南地区便有景颇族人，会将情人所熟悉之各种树叶，以花线捆扎包成一束防止散落，送给对方以表达爱慕之意，并作为定情信物。继实物表达时期后，人类又发现可利用代表实物之图画来传达思想。之后，随着图画的逐渐蜕化而变得简化，进而成为固定形式的图案符号，是人类最原始之象形文字。

有了文字就必须要有书写材料，在殷商时，人们是以龟甲兽骨作为书写材料。"甲骨文"又名"契文"，是殷代一种档案文书。在龟尾右下方，常可发现刻有"册六""纶六""丝六"等字样，此字样乃龟版编号，其作用在于排列有序。龟甲中央有孔，以韦编贯穿其间，可防龟甲散乱，此与后代册页以线缀订亦有同功之妙。至春秋战国时代，竹木简盛行，当时人著书立言，多以此为书写材料。每当一篇写毕，便用丝、麻、皮质料之绳，将"简"缀编成一长幅，图书基本形制因此产生。

到隋唐时，因纸张发明，进而影响中国书籍装帧形式之演变，此时卷轴、册子兴起，取代竹木简。近代由敦煌石室中，所发掘之唐代诸多实物考证：册子多以线订合（以线由页子中间缀订各页成册）。在敦煌遗书中，所呈现的缝线方式，一般有三种：一为书页较厚，对折后折缝粘集在一起作书背，后因沾粘处脱落，再用麻线缝住，此种缝法随意性很大，没有规律，有的仅缝一点，也有的缝上下两端，还有整个书页用线缀订，可以说是线装书籍的雏形；二为书页较薄，对折后折缝集在一起作书口，加上封面纸，与书口相对一侧，打三眼订线，其特征除三眼外与明清之线装书没有多大区别，可以说已完全具备线装书的特征；三为书页较厚，几张集在一起，对折成一帖，数帖集中在一起，以折缝处作书背，用麻线反复穿联缀订，就是"缝缋装"。"缝缋装"在中国唐朝时期，虽然只是短暂的流行，但是随中外文化相互交流，中国书籍缝缋方式，很可能便是藉由此传到日本、中亚和欧洲，而彼此影响书籍的装订方式。例如：日本的"和式缀订"及西方书籍的"锁线装订"，都还能找到早期中国缝缋装和埃及科普特装订的部分影子。

宋代时，由于卷轴装的舒展不便，而缝缋装又与当时书籍印刷方式无法配合，缝缋装订乃逐渐失传，取而代之的是蝴蝶装的盛行。直到明代，以线缀订方式复又盛行，但与订背方式的缝缋装并不相同。自明万历之后，至清末三四百年间"线装本"，完全取代中国图书装帧形式。

科普特装订是欧洲早期的一种书籍装订方式，其在公元二三世纪时，由住在埃及早期的基督徒科普特人，利用编织地毯的技术及缝针所创造出的一种缀订技术，早期应用于纸草纸文献的装订；接着羊皮纸的广泛利用，取代了纸草纸后，科普特装订仍然继续被使用，直到今天纸张主导了印刷的年代，这个装订方式仍在世界各地被人们所使用。至于改良后的西式订背式锁线装订方法，于明代时便已进入中国，当时利马窦、金尼阁等从欧洲带来用皮面装订的西洋印本，纸白如蚕，两面印刷，有的还烫金带铜钩，盖有教皇纹章等。至清末鸦片战争前后，西洋石印、铅印输入中国，书籍报刊风起云涌，在社会上引起剧烈变化，西式的锁线装订才逐渐被采用。

下面简单介绍一下中西方书籍在装订工艺方面的基本常识。

3.2.1 现代常用的平装书籍装订工艺

中西方书籍漫长的发展史，给我们留下了许多优秀的装帧形式和制作工艺，如包背装、经折装、线装、毛装、函套等形式，从普通的木版拓印、石印、活字印刷等技术，到一本本精美的图书呈现在我们面前，这些传统工艺都是汇集人类经验和智慧的结晶。欧洲中世纪的手抄本、19世纪的金属活字印刷本，中国宋、元、明的民坊、官坊的刻本，还有中国古代宫廷所制作的精致的书籍艺术品，可谓集工艺之大成的杰作。

平装是我国书籍出版中最普遍采用的一种装订形式。它的装订方法比较简易，运用软卡纸印制封面，成本比较低廉，适用于一般篇幅少、印数较大的书籍。平装是书籍常用的一种装订形式，以纸质软封面为特征。装订的工艺流程为：撞页裁切——折页——配书贴——配书芯——订书——包封面——切书。

平装书的订合形式常见的有骑马订、平订、锁线订、无线胶订、活页订等等。

1. 骑马订

又称骑缝铁丝订，是将配好的书页，包括封面在内套成一整帖后，用铁丝订书机将铁丝从书刊的书背折缝处外面穿到里面，并使铁丝两端在书籍里面折回压平的一种订合形式。它是书籍订合中最简单方便的一种形式，优点是加工速度快，订合处不占有效版面空间，且书页翻开时能摊平；

缺点是书籍牢固度较低，且不能订合页数较多的书。一般适合宣传册、较薄的文学类杂志、样本等（见图3-29）。

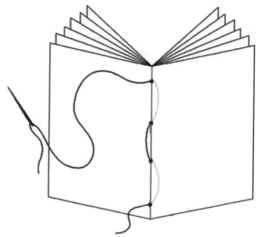

图3-29 骑马订式穿线法

2. 锁线订

从书帖的背脊折缝处利用串线连结中的原理，将各帖书页相互锁连成册，再经贴纱布、压平、捆紧、胶背、分本、包封皮，最后裁切成本的一种订合形式。锁线订比骑马订坚牢耐用，且适用于页数较多的书本；书的外形无订迹，且书页无论多少都能在翻开时摊平。不过锁线订的成本较高，书页也须成双数才能对折订线（见图3-30、图3-31）。

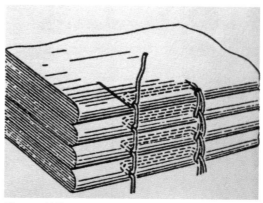

图3-30 锁线订图书

图 3-31 《守望三峡》 设计：小马哥 + 橙子

3. 无线胶订

无线胶装又称"胶订"、"无线钉"，不使用线或铁丝，只是通过黏胶将书页固定在一起。

无线胶订不用纤维线或铁丝订合书页，而是用胶水料粘合书页。它是平装书的重要装订形式，是最便宜、最快捷的装订方法。常见方法为把书贴配合页码，再在书脊上锯成槽或铣毛打成单张，经撞齐后用胶水料将相邻的各贴书芯粘连牢固，再包上封面。它的优点是订合后和锁线订一样不占书的有效版面空间，翻开时可摊平，成本较低，无论书页厚薄、幅面大小都可订合；缺点是书籍放置过久或受潮后易脱胶，致使书页脱散。主要用于期刊、杂志、样本等书籍的装订。(见图 3-32)

图 3-32 无线胶订

4. 铁丝平订

是把有序堆叠的书帖用缝纫线或铁丝钉从

面到底先订成书芯，然后包上封面，最后裁切成书的一种订合形式。其优点比骑马订更为经久耐用，缺点是订合要占去一定的有效版面空间，且书页在翻开时不能摊平（见图 3-33 ）。

图 3-33 铁丝平订

5. 缝纫平订

缝纫平订是用缝纫机机缝一道线把书订起来，这种装订方法使书籍比较牢固（见图 3-34、图 3-35 ）。

图 3-34 缝纫平订

图 3-35 缝纫平订

6. 活页装订

在书的订口处打孔，再用弹簧金属圈或螺纹圈等穿锁圈将书页穿起来的一种订合形式。这种形式单页之间不相粘连，适用于需要经常抽出来、补充进去或更换使用的出版物。成品新颖美观，常用于产品样本、目录、相册等。优点是可随时打开书籍锁扣，调换书页，阅读内容可随时变换（见图3-36）。

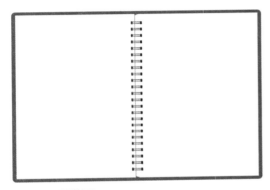

图 3-36 活页装订

7. 金属环订

利用金属环或金属铆钉进行书籍的装订的一种订合形式。金属环订一方面增强了书籍的牢固性，另一方面通过不同材质的对比，可获得丰富的感官体验（见图3-37）。

现代装订技术呈多元化发展趋势，设计者们不断探索更多特殊材料的使用以及形式和结构的创新，通过技术性环节建立起书籍本体与书籍内涵的深层次连接，使书籍的视觉内容和精神内涵愈加丰富。

图 3-37 金属环订

3.2.2 中式平装书手工装订工艺

中国具有代表性的传统装订方法有很多。现代设计者们常用中式装订方法来表现独特的书籍设计创意。

1. 唐宋缝缋式

中国唐代的书籍装订方式可说是百花齐放，从敦煌遗留的古书中，可看到很多装订形式。其中，"缝缋"这种线缝式，后来流传至日本，成为日式的"和缀"。"缝缋"的基本原理就像爬楼梯般的"阶梯式"的路线，在每帖书页折缝处连缀，如此反复上下阶梯式缝法，直到两条线头相遇打结。利用此方法装订的书册很容易翻开和摊平，适合缝装宣传册和乐谱。但唐代的缝法并不按部就班（见图3-38）。

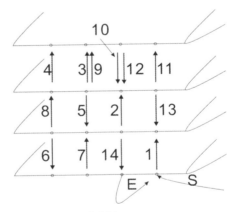

备注：以四眼四帖为例
1. 从第一帖内部的第一眼起针（从书内往外缝）；
2. 全部缝完后，线尾（E）与线头（S），相互打结在内；
3. 缝缋装可以让整本书360度展开。

图 3-38 缝缋装缀订与结线方式示意图

2. 中式线装基本装订方法

线装是书籍装订的一种技术。它是我国传统书籍艺术演进的最后形式，出现于明代中叶，通称"线装书"。它的基本做法是：先将书内页纸叠整齐，然后打眼。打眼可以打四眼、五眼、六眼、八眼等，用来保护书角。线装书结构特点：将均依中缝对折的若干书页和面封、底封叠合后，在右侧适当宽度用线穿订的装订样式。线装主要用于我国古籍类图书，也为其他图书装帧设计所借鉴。成品不仅简洁优雅，而且相当牢固耐用，特别适合用来装订书籍。

现代线装缝缀材料除了利用天然织物制成的麻线和使用历史悠久的亚麻线之外，还可以用其他材料来缝装书册。

线装书有简装和精装两种形式：简装书采用纸封面，订法简单，不包角，不勒口，不裱面，不用函套或用简单的函套；精装书采用布面或用绫子、绸等织物裱在纸上作封面，订法也较复杂，订口的上下切角用织物包上（称为包角），有勒口、复口（封面的三个勒口边或前口边被衬页粘住）等部件，以增加封面的挺括和牢度，最后用函套或书夹把书册包扎或包装起来。线装书装订完成后，多在封面上另贴书笺，显得雅致不凡，格调高古。

中式线装形式，是经过长时间发展改进而流行起来的，可以说是古本图书装订中最先进、实用及美观的形式。依其缀订方式，可分为以下数种样式。

（1）宋本式装订法

又称"四针之确定法"，先以书本尺寸来考虑"天地角"的距离，天地两角针眼位置确定后，再将中段部分，以两针眼分三等份。一般天地角之长宽比为 2 ：1，有时也须视书本幅面宽度稍加调整（见图 3-39~ 图 3-41）。

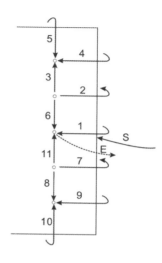

图示说明：

"S"为线头起始端，线由后向前穿，"E"为线末端，穿完后，"S"（线头）和"E"（线尾）相互打结，结头可拽进孔内隐藏起来或者在外打成蝴蝶结式样。

图 3-40 宋本式装订走线方式

图 3-41 线装书（图片来源于"绘本的秘密"）

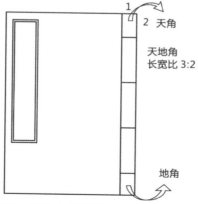

图 3-39 宋本式装订法

（2）唐本式装订法

此种装订方式，大都是用在幅面狭长的图书，其装订方法基本上是与"宋本式"相同，差别只是在第二、第三眼距离较为接近，其封面题签也需配合狭长形幅面，相应为细长形（见图3-42）。

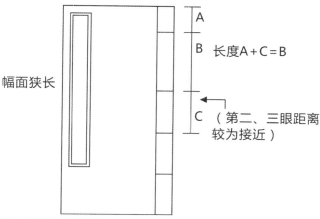

图3-42 唐本式装订法

（3）坚角四目式（康熙式）

因在天、地角内，各多打一眼加强装订，故称"坚角四目式"，也有依照针眼数，称"六针眼法"或"八针眼法"。清代康熙时期，对珍贵图书文献之装帧，均采用此种坚角法，故也称"康熙式"。这种装订方式，大都用于幅面宽广之图书，不但可强化坚牢书角，且也有美化装饰之用。幅面宽广书籍，若使用"宋本式"装订，则会显得单薄（见图3-43）。

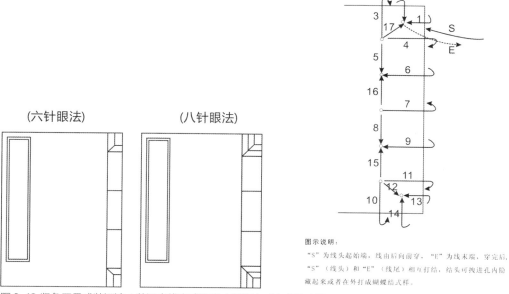

图示说明：

"S"为线头起始端，线由后向前穿，"E"为线末端，穿完后，"S"（线头）和"E"（线尾）相互打结，结头可拖进孔内隐藏起来或者在外打成蝴蝶结式样。

图3-43 坚角四目式装订法（装订走线方式见宋本装订方式）部分步骤

（4）麻叶式

这种装订方法以缀线分布形状如叶脉状而得名，也称"九针眼法"、"十一针眼法"。每个麻叶由三个针眼组成，这是建立在"康熙式"装订基础上，再进行装帧美化。同时题签也可贴近封面中央位置，更加强其装帧之美观，这种方法适用幅面较宽广的书籍（见图 3-44~ 图 3-48）。

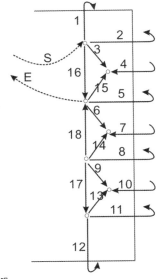

图示说明：

"S"为线头起始端，线由后向前穿，"E"为线末端，穿完后，"S"（线头）和"E"（线尾）相互打结，结头可拽进孔内隐藏起来或者在外打成蝴蝶结式样。

图 3-45 麻叶式装订走线方式

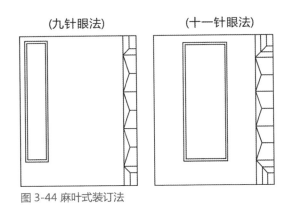

图 3-44 麻叶式装订法

图 3-46 麻叶式线装书　制作：李昱靓

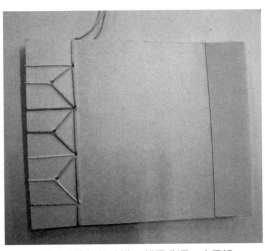

图 3-47 麻叶式线装书　制作：雒雪 指导：李昱靓

图 3-48 麻叶式线装书 制作：黄怀海 指导：李昱靓

（5）龟壳式

这种装订方法是由"宋本式"演变而来，因装订走线形式似龟甲纹样而得名；因有十二个针眼，又称"十二针眼法"（见图 3-49、图 3-50）。

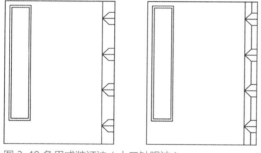

图 3-49 龟甲式装订法（十二针眼法）

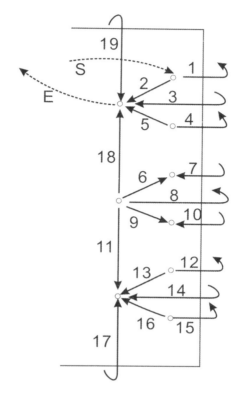

图示说明：

"S"为线头起始端，线由后向前穿，"E"为线末端，穿完后，"S"（线头）和"E"（线尾）相互打结，结头可拽进孔内隐藏起来或者在外打成蝴蝶结式样。

图 3-50 龟甲式装订走线方式

3.2.3 西式平装书手工装订工艺

西方以线缝的方式装订书的历史很早，不管是古老的泥板，以绳子穿洞，还是古埃及的科普特式，等等，形式多样，流传至今。

西式的基本线缝法有很多种，大多将第一帖全部缝完，再缝第二帖，依此类推。

1. 辫子结法（见图 3-51~ 图 3-53）

这种缝法，将第一帖缝完后，再缝第二帖，缝之前，先将每一帖内页书背钻出等距的孔，由书内起针。第 1 至 16 针，将封面和第一帖来回缝完后，到第二帖的第 19、20 针、第 22、23 针、第 25、26 针时，需要和封面与第一帖的连接线绕圈打结，之后再继续缝，按如此缝法依此类推，最后收尾时，缝到封底内打死结即可。书脊的缝线呈麻花辫造型。

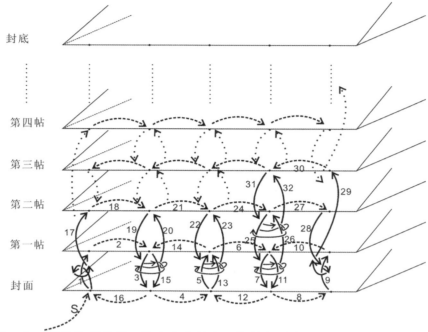

注：1．"S"为起始端，线由内向外穿，按数字顺序缝缀。

2．因中间过程缝线方式相同，第三帖、第四帖直至封底的步骤图省略。

3．封面、封底和书帖均为对折形式，书帖对折的中缝打孔，线末端在封底内打死结。

4．此穿线法中，书帖中缝的空距和孔的数量没有严格限制，书帖的数量不限。

5．图例："━ ━ ━ ━ ➤"表示线在书帖内；"‥‥‥‥➤"表示省略的步骤图。

图 3-51 辫子结法缝线示意图

图 3-52 辫子结法缝线装书　制作：贺生财　指导：李昱靓

图 3-53 辫子结法缝线装书　制作：张小琴　指导：李昱靓

2. 科普特装订式

简称科普特式。科普特式的缝法据说来源于古埃及的科普特基督徒二三世纪开始使用的缝书技术。因为"三位一体"观念，所以古代缝书时用的线多为三条线一股。书的特点是可以 360 度展开，方便翻阅。

　　科普特式属于手工的无缀绳装订。手工装订书身，每帖（多页组成）位置与订眼数量，须先按图书尺寸以铅笔定出。普通书籍是以五条缀绳为宜，故铅笔定出位置亦有五点，作为缀线装订之处。缀线的粗细应依图书需求选用，装订时须注意：如果缀线缀订若松，书身装订则无法坚固；装订太紧则影响书页展开，圆背时缀线也易断线（见图3-54~图3-58）。

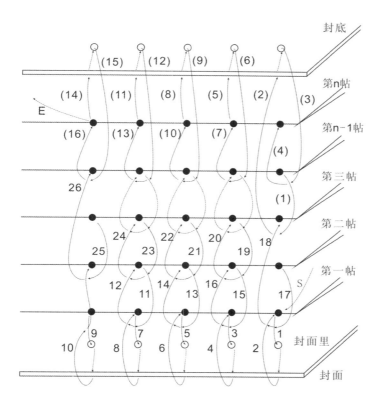

图示说明：

1．"S"为线头起始端，线由内向外穿，"E"为线末端，在书帖内打结。

2．书页帖数可为无限多，因此图中虚线表示为省略的步骤，书页帖数以"n""n-1"代替。

3．接近封底的穿法跟前面的步骤略不一样，用"（1）、（2）、……"计数。

4．孔的数量也可以无限增加，穿线的方法依此类推。

图3-54 科普特式缝线示意图

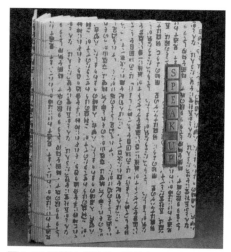

图 3-55 科普特式图书（图片来源于网络）

图 3-56 科普特式图书 制作：张桂涓 指导：李昱靓

图 3-57 科普特式图书 制作：焦盼 指导：李昱靓

图 3-58 科普特式图书 制作：张渝 指导：李昱靓

3.　美背线装缝法

从 18 世纪开始就有人使用美背装帧或类似的缝装法来装订书籍，用这种方法装订的书册易于翻阅，而不需要在书脊上胶，可以使用彩色线绳做一些变化。

（1）交叉缝（见图 3-59）

交叉缝是美背线装缝法的变化，原则是从书内起针，书背缝交叉线，书内都是直线。图 3-59以三种缝法做图例，实际中可自行变化花样。

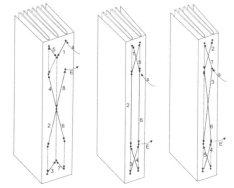

注：1、"S"为起始端，"E"为结束端，"S"和"E"的线尾一起在内打死结。
　　2、此法例图的书帖分别为两帖和三帖，实际运用时，书帖的数量和穿线的方法可以变通。

图 3-59 交叉缝（三种）穿线示意图

（2）天地缝（见图 3-60、图 3-61）

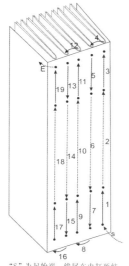

注：1. "S"为起始端，线尾在内打死结；"E"为结束端，线尾在内打死结。

2. 此法例图的书帖为五帖，实际运用时，书帖可以无限增加。

图 3-60 天地缝穿线示意图

①这种缝法需要钻出四个间距相等的孔，并挑选较硬纸板做封面，用锥子在纸板上标出装订用的孔位；②将针穿过第一帖的两个孔，让线形成线圈，穿好后在线圈上打结加以固定；③然后将针穿进书帖再穿出，不过这次要将针从之前在封面纸板上钻的装订孔穿出；④从第一帖外侧将针穿进第二帖和封面纸板的装订孔，重复穿针缝装步骤。⑤在封面纸板的书脊外侧可以看到缝的线迹。⑥由于缝线会绕过书脊外侧，缠绕的缝线会形成连续的装饰线条，让线装书看起来别具一格。

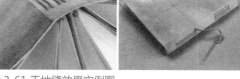

图 3-61 天地缝效果实例图

（3）书脊缀带缝装法

这是美背线装缝法的变化式，装订方法很有趣：在一本书中结合了不同的材料，装订书籍用的缀带同时也具有装饰功能，而缝书用的线和衬页的颜色可以根据书籍特点选择美观的线和纸张，因此也具有装饰元素，加上缀带缝装后成品比较牢固，无需上胶，也能完全摊平。图 3-62~图 3-68 为制作步骤演示，图 3-69、图 3-70 为学生作品。

图 3-62 步骤一：制作此书所需的基本材料包括缀带、有色棉线、品质良好的手工纸及制作衬页用的轻薄纸张。

图 3-63 步骤二：在书脊锯出所需的装订孔，用缎带和同颜色的线缝装书册。

图 3-64 步骤三：将轻薄纸张置于书册前后作为衬页。

图 3-65 步骤四：裁出作为封面和封底底板的纸板，除了脊部以外的其他边应比书册本身各多出 3mm 或 4mm，可从脊部对齐以确定其他边的长度是否符合要求。裁切好纸张之后，用选好的手工纸将纸板包覆。

图 3-66 步骤五：在封面和封底上标出要穿入缎带的位置，用美工刀割出开口，再用刮刀或其他末端较尖的工具将缎带穿入，穿出构成想要的图样。

图 3-67、图 3-68 步骤六、七：穿好缎带之后，在缎带于封面、封底内侧露出的末端部分涂点胶固定。按照图中所示将衬页粘在封面、封底上。书脊处不上胶，让其裸露在外。

图 3-69 萨宾娜荷尔德教授清华美院工作坊训练作品

图 3-70 学生作品 制作：莫宇青 指导：李昱靓

图 3-73 Exposed Sewing Journals 2006

在日常生活中，上述装订方法与缝线方式是我们较为常见的，但它绝不是装订方法与缝线方式的全部。设计师们运用上述原理，在某些形式上做了有益的尝试，创作出一些新颖的装订样式。以下为其他缝线工艺创作的作品（见图 3-71~ 图 3-80 ）。

图 3-71 制作：彭玺 指导：李昱靓

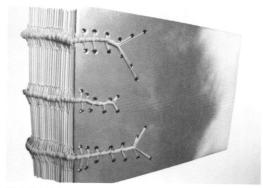

图 3-74 Rising 2006

图 3-72 制作：余卓璟 指导：李昱靓

图 3-75 Stone Women 2006

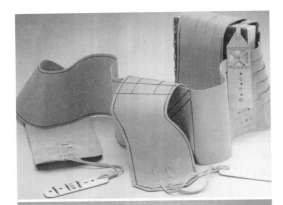

图 3-78 Untitled 2005

图 3-76 Leather Crossbook 2002

图 3-79 Cloudspeak 2005

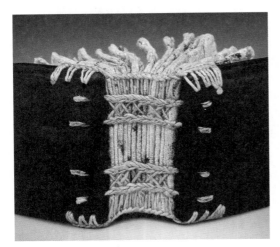

图 3-77 Layover 2005

图 3-80 Book of Vowels 2006

3.2.4 精装书手工装订工艺

精装是书籍出版中比较讲究的一种装订形式。精装书比平装书用料更讲究，装订更结实。精装特别适合于质量要求较高、页数较多、需要反复阅读，且具有长时期保存价值的书籍。精装书分硬精装和软精装两种，主要应用于经典、专著、工具书、画册等。其结构与平装书的主要区别是硬质的封面或外层加护封，有的甚至还要加函套。

精装书的装订工艺流程包括订本、书芯加工、书壳的制作、上书壳等工序。精装书的书芯制作与线装书的方法基本相同，不同的是还有压平、扒圆、起脊、帖布脊布、粘脊头等特殊的加工过程。上书壳是通过涂胶、烫背、压脊线工序将书芯和书壳固定在一起。

1. 精装书结构

（1）精装书的封面

精装书的封面，可运用各种材料和印刷制作方法，达到不同的格调和效果。精装书的封面可使用的面料很多，除纸张外，还有各种纺织物、丝织品、人造革、皮革和木质等。精装书的封面包括硬封面和软封面两种。

①硬封面，是把纸张、织物等材料裱糊在硬纸板上制成，适宜放在桌上阅读的大型和中型开本的书籍。

②软封面，是用有韧性的牛皮纸、白板纸或薄纸板代替硬纸板做成的封面，轻柔的封面使人有舒适感，适宜便于携带的中型本和袖珍本，如字典、工具书和文艺书籍等。

（2）精装书的书脊

①圆脊。是精装书常见的形式，其脊面呈月牙状，以略带一点垂直的弧线为好。一般用牛皮纸或白板纸做书脊的里衬，有柔软、饱满和典雅的感觉，尤其薄本书采用圆脊能增加书籍的厚度感（见图3-81）。

图 3-81 圆脊精装书　制作：畅双雄　指导：李昱靓

②平脊。是用硬纸板做书脊的里衬，封面也大多为硬封面，整个书籍的形状平整、朴实、挺拔、有现代感。但厚本书（约超过 25 毫米）在使用一段时间后书口部位有隆起的危险，有损美观（见图 3-82 ）。

图 3-82 平脊精装书　制作：张怡雯　指导：李昱靓

（3）精装书的装订形式

精装书的装订形式包括活页订、铆钉订合、绳结订合、风琴折式等。

（4）精装书的专属名词

①飘口。封面均匀地大于书心 2 毫米，即冒边或叫做飘口。飘口便于保护书心，也增加了书籍的美观。

②堵头布（脊头布、顶带）。堵头布，也称花头布、堵布等，是一种经加工制成的带有线棱的布条，用来粘贴在精装书芯书背上下两端，即堵住书背两端的布头。堵头布不仅可以将书背两端的书芯牢固粘连，而且可以装饰书籍外观，是精装书不可缺少的一部分。市面上的堵头布有各种颜色，可以搭配不同颜色的封面和内文纸。

③丝带。粘贴在书脊的顶部，起着书签的作用的条带。

堵头布和丝带的颜色，设计时要和封面及书心的色调取得和谐。

2. 硬面平脊精装书装订工艺实践（见图 3-83）

图 3-83 之步骤二

步骤二：将折好的数帖夹在两块板子之间，移到桌面边缘用锯子锯出四个孔口（见图 3-83 之步骤二）。

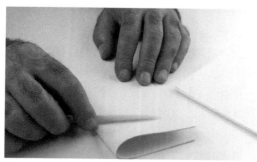

图 3-83 之步骤一

步骤一：首先选取品质良好的纸张，裁出 70cm×100cm 大小的纸张，对折数次并裁切之后得到大小为 12.5cm×17.5cm 的纸张。裁切时使用不太锋利的刀子，因为此例中要让纸页的边缘呈现稍微有点粗糙不齐的装饰效果。裁好纸张之后以 4 张为一组开始折成一帖，折叠时可用刮刀辅助，折成一帖时应尽量对齐（见图 3-83 之步骤一）。

图 3-83 之步骤三

步骤三：将四帖缝装成册，最好使用天然纤维制成的绳线。将穿了线的针从锯出的孔口穿入之后再由下一个孔穿出，依此类推将其他书帖依序叠加并缝装在一起（见图 3-83 之步骤三）。

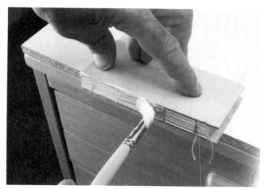

图 3-83 之步骤四

步骤四：缝装完成后，将本子夹在两块完全对齐的板子之间，在脊部薄涂一层浓稠的胶（见图 3-83 之步骤四）。

图 3-83 之步骤五

步骤五：用刮刀辅助将色纸结合绳线制作纸质书头布（见图 3-83 之步骤五）。

图 3-83 之步骤六

步骤六：将两块书头布分别粘在脊部上下端的地方，固定之后用剪刀修整形状（见图 3-83 之步骤六）。

图 3-83 之步骤七

步骤七：在脊部加贴一张纸以便加固脊部和最前、最后的纸页，这张纸也会具备衬页的功能。首先将上了胶的纸粘于脊部，然后小心地将纸折起粘在最前和最后的纸页上（见图 3-83 之步骤七）。

图 3-83 之步骤八

步骤八：待胶干之后即可裁出制作封面和脊部的纸板，封面的长度应比本子多出 6mm，宽度应比本子少 2mm。脊部的长度和封面相同，宽度则应等于本子加上两片纸板的厚度（本子的厚度要从侧边而非脊部测量，因为本子的脊部经过缝装之后会变得稍厚）（见图 3-83 之步骤八）。

图 3-83 之步骤九

图 3-83 之步骤十一

步骤九：裁出包覆用的布，其四边应该比制作封面用的纸板各多出 1.5cm。在布面上胶，将三块纸板置于布上，两块封面与脊部纸板之间应空出至少 9mm 的距离；可以找一张尺寸相应的美术纸当作对照，会比较容易定位。粘好纸板之后，裁出布的四角，将四边向内折包住纸板（见图 3-83 之步骤九）。

步骤十一：黏好之后马上将本子夹在两块木板之间放入压书机，注意脊部要露出来。对准本子的中央处利用压书机加压数秒钟。接着拿起本子确认是否完全黏合，然后将本子用书镇压住数小时（见图 3-83 之步骤十一）。

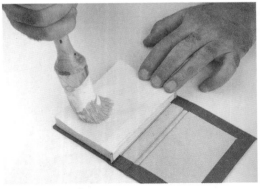

图 3-83 之步骤十

图 3-83 之硬面平脊精装书

步骤十：将本子对准封面中央放好上去，注意封面的上下端和前侧都要多出一点。用液态胶剂将衬页与封面黏合，调整封面和封底并确认两者相互对齐。接着用同样的方法将另一侧的衬页与封底黏合，脊部则不上胶，这样就会比较容易翻开（见图 3-83 之步骤十）。

图 3-84 硬面平脊精装书　制作：李昱靓

3. 硬面圆脊精装书装订工艺实践

硬面圆脊精装书装订工艺大致为：折叠印张→个别插页配帖→压平→切出脊部缺口→缝缀→刷胶→干燥→裁切→扒圆→捶背→起脊→切割硬板→衬背→贴环衬→贴合→干燥等步骤完成。

以下从书芯的加工、书壳的制作和套壳三大工序分别说明如下。

（1）书芯的加工

书芯的制作，一部分与平装书装订工艺过程相同，包括裁切、折页、配帖、锁线与切书。在完成这些工作以后，应该进行精装书芯特有的加工过程，其加工过程与书芯的结构有关。

第一阶段：折叠印张→个别插页配帖→压平→切出脊部缺口→缝缀→刷胶→干燥→裁切

将纸张依照正确页序加以折叠，形成一份份书帖，折叠过程必须准确，尽量避免尺寸误差。

手工装订书籍在书帖缝缀之前必须先压平，机器装订则是先缝缀再压平。压平的作用主要是排除页与页之间的空气，使书芯结实平服，提高书籍的装订质量。书籍的装帧不同，压平要求也不同，圆脊精装书的压力可以轻些，特别是圆背书芯，这样有利于扒圆的加工。一本书经过准确的压平工序，各个书帖之间便能保持恒定的连接，纸页也可以始终保持在一致的位置。由于书帖经过压平便不能再调动位置，所以在压平前必须先"靠拢"（逐一正确地叠放）各个书帖。

刷胶使书芯达到基本定型，在下一道工序加工时，书帖不致发生相互移动。书芯刷胶可分为手工刷胶和机械刷胶二种。刷胶时胶料比较稀薄为好。

经刷胶基本干燥后，进行裁切，成为整齐边沿的书芯（见图 3-85）。

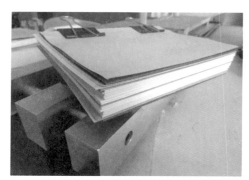
①配帖

②切出脊背缺口

③缝缀

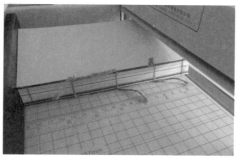
④切边

图 3-85 制作书芯第一阶段

第二阶段：扒圆→捶背→起脊→上胶

要让精装书能够打开、摊平，需要进行一道扒圆、捶背的工序。

书芯由平脊加工成圆背的工艺过程称为扒圆，圆脊书芯都必须经过扒圆。所谓扒圆，是在书脊上把书帖敲实、敲紧（因为缝缀书帖会造成订口的厚度增加）。如果采用手工装订，要用圆头锤在书脊上扒出隆起的弧面，随着书脊逐渐往外凸出，前切口也逐渐呈现朝内弯曲的弧面。进行捶背则必须将书本夹在两块压书板中间，自前后两侧书帖逐步往外锤敲，捶出凸唇和凹槽，预留封皮硬板的空间。现在可使用单一机器上的机械辊处理扒圆与捶背，往往会先用蒸汽将书背蒸软，以提高它的可塑性，扒圆后使整本书的书帖能互相错开，便于翻阅，提高书芯的牢固程度和书芯同书壳的连结程度。

所谓起脊，是指书籍的前后封面与书脊的连接处称为节脊。起脊是利用书脊上下两边的变形弧度高出于书芯，在书脊与环衬连线边缘作成沟槽，其作沟槽的工艺叫起脊，脊高一般与封面纸厚度相同（见图3-86）。

①扒圆、捶背、起脊

②刷胶

③圆脊效果

图3-86 制作书芯第二阶段

要使整本书更加坚固结实，粘胶必须准确附着于书脊并渗入各书帖之间；也不可让多余的粘胶裸露在外。

第三阶段：衬背工艺

内衬以徒手或利用机器贴附在封皮的反面；贴纱布、书签带、堵头布等步骤亦可使用机器处理。这是书脊的加固工作，使书脊挺括，牢固，外形美观坚实（见图3-87）。

①贴纱布

②贴堵头布

图3-87 制作书芯第三阶段

（2）书壳的制作

精装书的封面称书壳（book case），一般精装书书壳的结构如图 3-88 所示。

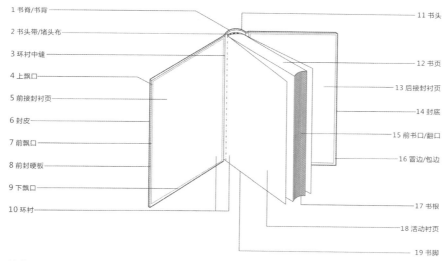

1 书脊/书背
2 书头带/堵头布
3 环衬中缝
4 上飘口
5 前接封衬页
6 封皮
7 前飘口
8 前封硬板
9 下飘口
10 环衬

11 书头
12 书页
13 后接封衬页
14 封底
15 前书口/翻口
16 冒边/包边
17 书根
18 活动衬页
19 书脚

图 3-88 精装书书壳的结构

书壳制作的基本工序：切割硬板→打孔→穿麻线→打磨书壳→制作书筋线（见图 3-89）。

图 3-89 之一：打孔

图 3-89 之二：穿线

图 3-89 之三：打磨书壳、贴衬纸、粘书筋线

切割硬板（荷兰板），各种不同的纸重与纸厚的厚纸板都可用来充当封皮硬板。封皮硬板必须表面平滑，但具备空隙，能与封皮材料准确牢固地贴在一起，而且，封皮材料的面积要大于书体开本（即飘口，三边大于书芯至少 3mm），贴在硬板上才有余量绕过旁边折入封皮内侧。最重要的是在纸板上平均施胶，而且胶水的含水量不可过高，以免纸板受潮变形。若以机器处理，厚重的书用纸板会动用特殊的垂降式裁刀或平移式纸卡滑切刀等机械加以切割。

（3）套壳

把书芯和书壳连接在一起的工作叫套壳，此工作可以手工进行也可以机器进行。其方法是先在书槽部分刷胶，然后套在书芯上，使书槽与书芯的脊粘接牢固，再在书芯的衬页上刷胶使书壳与书芯牢固、平服。硬封精装书刊的前后封面与背脊连接的部位有一条书槽，作用是保护书芯不变形，其造型美观，方便翻阅。压槽用铜线压在上下书槽中，用加压成型法（见图 3-90）。

套壳制作基本工序：贴皮→贴环衬→贴合→干燥

图 3-90 套壳制作基本工序

皮面装帧需要额外的手工作业。皮料必须使用鞋匠专用的削刀将边缘削薄，包覆于硬板时才能干净利落地平缓收尾。把皮料粘贴在硬板上，先将上下两边多出来的面料折入；暂时以绳线捆扎，把冒边固定。假如该书有棱带，可用特殊的镊子或夹沟器标定位置、在书脊上压出棱带形状。接着把书本再次放入压台，静候其干燥，再解开、

移除固定包边的绳线。这道步骤若由机器完成，则称作"上封（皮）"；有的装订机器一小时就能够完成两千本书的上封作业（见图 3-91、图 3-92）。

图 3-91 学生制作实例 指导：李昱靓

图 3-92 学生作品 制作：张一雅 指导：李昱靓

4. 书盒（套）的制作工艺实践

（1）硬纸书盒（见图3-93）

图 3-93 之①

①将美术纸裁成适当的大小：纸的宽度要和书本高度相等，长度要等于书本宽度的四倍加上书本的厚度。在纸张中央及两边压出与书本厚度相应的折线，在对应书脊的部分两侧压出与书封面板大小相同的区块折线（见图 3-93 之①）。

图 3-93 之②

②用美工刀割开折线两端的部分，也就是割开至书脊左右对应书封面板的区块的中间，然后将割开的部分向内折（见图 3-93 之②）。

图 3-93 之③

③将折起来之后会重叠的部分略微裁切修整。另外裁一块要放在书脊部分的纸片，其长和宽应该比对应书脊的部分各少 1mm（见图 3-93 之③）。

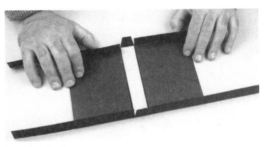

图 3-93 之④

④将这块纸片粘在中央，根据先前压出的折线将纸折叠成形（见图 3-93 之④）。

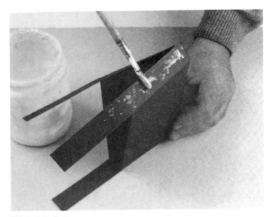

图 3-93 之⑤

⑤用刷笔厚涂一层胶，将上方和下方交叠的区块分别粘住（见图 3-93 之⑤）。

图 3-93 之⑥

⑥等胶干后将书插入，将书脊具有弧线的部分留在外面，用铅笔在天头和地脚的位置做记号，照着铅笔标出的轮廓线将多余的纸裁去（见图 3-93 之⑥）。

图 3-93 之⑦

⑦这种书盒不仅可以保护书籍，也能赋予书籍独特的外观（见图 3-93 之⑦）。

（2）连盖式收藏盒（见图 3-94）

图 3-94 之①

①所需的材料包括硬纸板和布料（见图 3-94之①）。

图 3-94 之②

图 3-94 之③

②先根据要放入的杂志厚度裁出盒子三边的侧板，侧板的长度可以之后再确定。盒子底板的长度应等于要放入的杂志中最长的一本加上两片纸板的厚度（已裁好的侧板可作为测量时的依

据）；接下来确定宽度，以杂志中最宽的一本的宽度为基准，再加上一片纸板的厚度。裁好底板之后，再将侧板裁成适当的长度：较长的一块侧板应和底板等长，较短的两块的长度应等于底板的宽度减去一片纸板的厚度（见图 3-94 之②）。

③准备好所有的纸板之后就可以开始粘接成盒子，先将较长的侧板粘在底板上，再将较短的两块侧板分别粘上去（见图 3-94 之③）。

图 3-94 之④

④接下来依据先前的步骤制作第二个盒子，裁切时同样以要放入的杂志的大小为基准来测量。两侧盒子的制作方法相同，所以还是先裁侧板再裁底板。底板的长度要等于第一个盒子的宽度加上一片纸板的厚度。根据底板的大小将侧板裁成适当的长度，然后粘接出盒子（见图 3-94 之④）。

图 3-94 之⑤

⑤将两个盒子组合在一起，接着裁切当成脊部的纸板，长和宽皆与较大的盒子相等（见图 3-94 之⑤）。

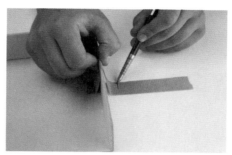

图 3-94 之⑥

⑥用一纸条辅助，量出较大盒子的侧板内侧加外侧，再加上折过去盖住盒底内侧 1cm 的长度（见图 3-94 之⑥）。

图 3-94 之⑦

⑦裁切包覆盒子外侧用的布片的做法：将两个盒子和脊部纸板按照要组装的样子一起摆在布上，脊部纸板要置于两盒之间，再按照之前步骤中的方法测量四边所需的布片大小（见图 3-94 之⑦）。

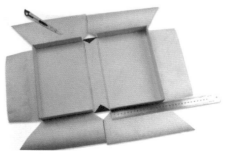

图 3-94 之⑧

⑧在布上涂胶，将盒子和脊部纸板粘于布上，脊部纸板和两边的盒子之间分别留下宽度等于纸板厚度 1.5 到 2 倍的空隙。裁去多余的布，需要的话可以用尺辅助（见图 3-94 之⑧）。

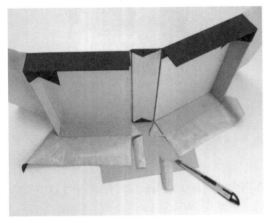

图 3-94 之⑨

⑨依图所示裁成包覆侧板的布并将其折入盖住内侧（见图 3-94 之⑨）。

图 3-94 之⑩

⑩裁好侧边之后就可以将布向盒内折入，用刮刀修整盒内角落处让布盖住纸板（见图 3-94 之⑩）。

图 3-94 之⑪

⑪最后再将还未裁切的那一侧的布折入。如果胶因为时间过久已经干掉，可以再上一层胶。不用赶在胶干之前完成步骤（见图 3-94 之⑪）。

图 3-94 之⑫

⑫最好在两侧面板内侧各衬一张硬纸板进一步加固，不仅可以避免盒子变形，比较平整的内侧表面也更方便加粘内侧（见图 3-94 之⑫）。

图 3-94 之⑬

⑬用整张的纸或布制作内衬，刚开始先以最大块的表面区域为基准裁切出标准的长方形，然后将要贴于较小盒子内侧的半张再裁成稍小一点长方形，让这半张可以刚好贴于盒子内侧（见图3-94之⑬）。

图3-94之⑭

⑭在作为内衬的纸或布背侧上胶，从较小的盒子那一侧开始粘，粘贴的时候要持续压平，确定内衬和盒底之间没留下气泡。用刮刀修整边线处（见图3-94之⑭）。

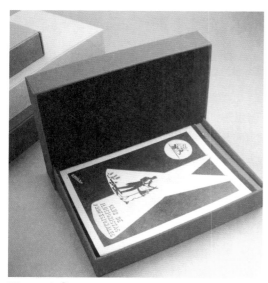

图3-94之⑮

⑮等胶干之后装入要存放的物品并将盒子盖上，然后就可以收藏了（见图3-94之⑮）。

（3）方脊书型盒（见图3-95）

图3-95之①

①准备好要放入书型盒的书籍以及纸板、布和不同纸张等基本材料（见图3-95之①）。

图3-95之②

②根据书籍的厚度在纸板上标出要裁切的位置，纸板长要比书宽再多出1.5cm到2cm，之后要用布或纸包覆纸板时务必谨记这一点（见图3-95之②）。

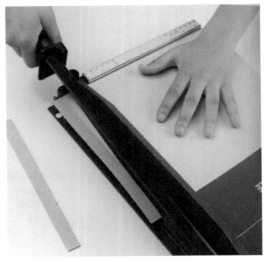

图 3-95 之③

③根据先前做好的标记用裁纸器裁出三条长条纸板，另外也裁出当成盒子底板的纸板，其长度应为书的长度再加上一片纸板的厚度。裁好底板之后就可以将侧边纸板裁成适合的长度，较长的一条纸板的长度应与底板等长，较短的两条纸板的宽度应为底板的宽度再减去一片纸板的厚度（见图 3-95 之③）。

图 3-95 之④

④在纸板上涂一点胶之后开始组装，先将较短的两边粘在底板上，再粘接较长那一边的纸板（见图 3-95 之④）。

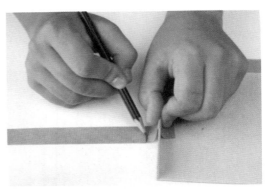

图 3-95 之⑤

⑤用一条纸片辅助，量出其中一边纸板内侧加上外侧的高度，两端再各多加约 1cm（见图 3-95 之⑤）。

图 3-95 之⑥

⑥裁出三块用来包覆纸板的布，宽度等于先前用纸片量出的长度，要用来包覆较长的那一边的布的长度等于盒长（见图 3-95 之⑥）。

图 3-95 之⑦

⑦先包覆较短的两边，在其中一块布涂胶，向下折盖住盒底的部分要预留 1cm 宽，剩下的部分会超出侧边纸板上缘（见图 3-95 之⑦）。

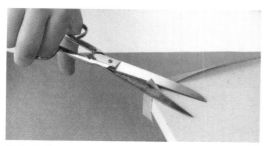

图 3-95 之⑧

⑧将布片两端超过的部分折起盖住较长的一边，剪去盒底那一侧多余的布，剪的时候刀刃要几乎平贴盒底，可以减少两边的布往下折之后重叠的部分（见图 3-95 之⑧）。

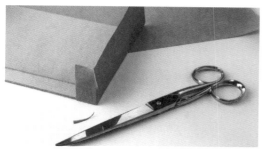

图 3-95 之⑨

⑨剪开超出纸板上缘的布时应该从上往下，这样才不会剪去过多的布，将两边的布向盒内折入时就可以将纸板完全包覆（见图 3-95 之⑨）。

图 3-95 之⑩

⑩盒子靠脊部的一边的布应照图中所示裁剪，布的末端向内折入后才能保持美观（见图 3-95 之⑩）。

图 3-95 之⑪

⑪将盒子较短的两边上缘超出的布片向盒内折入，接着再将较长的一边的布折入。向内折的时候要将布片紧压在纸板上，避免折起处产生气泡。如果先前涂的胶干掉，可以再上第二层胶（见图 3-95 之⑪）。

图 3-95 之⑫

⑫裁出包覆盒底内面用的布，布的大小应刚好符合盒底内面，唯有靠脊部的那一边要比内面多出 1.5cm，以便向下折盖住盒底（见图 3-95 之⑫）。

图 3-95 之⑬

⑬测量制作第二个盒子所需材料的尺寸并按照先前的步骤制作，当然第二个盒子比第一个盒子稍大，测量时可利用第一个盒子作为参照（见图 3-95 之⑬）。

图 3-95 之⑭

⑭接着裁出当成封面的纸板，也就是书型盒的外盖。首先裁出两块面板，除了脊部以外的其余三边都要加粘侧板，这三边要比第二个盒子各多出 3mm。做为脊部的纸板的长度要和这两块面板等长，宽度则为第二个盒子的宽度再加上两片面板的厚度（见图 3-95 之⑭）。

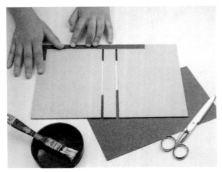

图 3-95 之⑮

⑮根据预先量出的大小将两块面板和脊部纸板排列好，开始粘接外盖。脊部纸板和两块面板之间要各留一小段空隙，间距等于纸板厚度的 1.5 倍（见图 3-95 之⑮）。

图 3-95 之⑯

⑯用先前选好的不同颜色、纹理的纸张包覆外盖，建议选择可搭配要保存的书籍的颜色的纸张（见图 3-95 之⑯）。

图 3-95 之⑰

⑰包覆好外盖的外侧之后，在外盖内侧脊部处贴上一块布。打开盒子时可以看到这块布，所以要选择可以和盒子本体互相搭配的颜色（见图 3-95 之⑰）。

图 3-95 之⑱

⑱为了遮住从外盖外侧向内折入的包材边缘，可以在外盖内侧加粘衬页。如果粘一页不够，可以等第一页的胶干之后再粘上第二页（见图3-95之⑱）。

图 3-95 之⑲

⑲将脊部纸板立起与外盖面板成 90 度，接着和较小的盒子组合在一起。调整盒子的位置让三边侧板都位于外盖面板之内，厚涂一层胶将盒子粘住（见图 3-95 之⑲）。

图 3-95 之⑳

⑳用书镇压住等胶干透（见图 3-95 之⑳）。

图 3-95 之㉑

㉑接着按照粘接前一个盒子的方式将较大的盒子也粘上，让两个规格的盒子相互盖合之后再上胶并将外盖面板盖上黏合。数分钟之后小心地将书型盒打开，用书镇压住等胶干透（见图 3-95 之㉑）。

图 3-95 之㉒

㉒将要保存的书放入书型盒，由图中可看到书和盒子的颜色刚好互相搭配（见图 3-95 之㉒）。

图 3-95 之㉓

㉓书型盒外观，可以用印制或手写花体字的方式在盒子面板或脊部加上书名（见图 3-95 之㉓）。

装订工艺是书籍外在美的形成条件，借助于各种工艺，美才得以实现。工艺还需遵循一定的秩序，包括材料的品性、工艺的程序、技术的操作、劳动的组织，等等，这些秩序法则是支撑工艺之美的力量。工艺不能以唯美为唯一目的，更不是设计师个性的即兴宣泄，它是以用途与美观相融合为目的来选择的。在书籍设计的创作过程中研究传统，但也要适应现代化观念，以追求美感和功能两者之间的完美和谐，这是书籍发展至今仍具生命力的最好例证。

思考题：

1．书籍的装帧工艺有哪些？对即将开始的课题设计的工艺运用，您是如何思考的？
2．传统纸质书籍和现代电子书载体的异同有哪些？

第四章　书籍的印刷工艺常识

印刷工艺可谓将人的视觉、触觉信息物化再现的全部过程。现代印刷工艺是创造书籍形态美感的重要保证，可以有效地延伸和扩展设计者的艺术构思、形态创造以及审美情趣。因此，我们必须了解和掌握书籍的印刷流程，才能实现设计构思的完美物化形态。

4.1 书籍常见的印刷工艺介绍

印刷的工艺很多，不同的方法操作不同，印刷效果也不同。目前常见的印刷工艺有五种，即凸版印刷、凹版印刷、平版印刷、丝网印刷和数码印刷。我们先了解传统的印刷工艺。

4.1.1 传统的印刷工艺

1. 雕版印刷术

雕版印刷就是凸版印刷，是最古老的一种印刷方法。

中国古代书籍装帧与雕版印刷或雕版印书密不可分，中国的印刷术"雕版肇始于隋朝，行于唐世，扩于五代，而精于宋人"（明人胡应麟《少室山房笔丛》）。印刷术的发明打破了皇宫贵族少数人垄断文化的历史，通过书籍载体使文化传承更为广泛和深远。以雕版印刷的生产方式印刷的书，品种多，印量大，使用时间更长，在各个时期形成各自的特点和流派。中国古代书籍以年代计有唐刻本、五代十国刻本、宋刻本、辽刻本、西夏刻本、金刻本、元刻本、明刻本、清刻本；以版本印刻机构可分为官刻本、坊刻本、家刻本等。

我国的雕版印刷术大概在隋末唐初（618—713 年）时期出现以后，在唐代得到发展，并逐渐应用到雕版印书上。《金刚般若波罗蜜经》，简称《金刚经》，这是举世闻名的、发现于我国境内有确切日期记载的最早的印本书，可以说是世界上现存年代较早又最为完整且相当成熟的印刷品，是一部首尾完整的卷轴装书。该书长约528 厘米，高约 33 厘米，由 7 个印张粘接而成，另加一张扉画。扉画布局严谨，雕刻精美，功力纯熟，表明在 9 世纪中叶，我国的书籍插图已进入相当成熟的时期（见图 4-1）。

图 4-1 明代雕版印刷版本《金刚经》之插图

2. 活字印刷

雕版印刷的发明和发展，对人类社会和文化事业的进步做出了巨大贡献。随着社会对书籍的需求量的增大，雕版印刷技术的费工耗材的缺陷也日益凸显，人们不得不寻求一种新的印刷方式来替代雕版，而活字印刷的出现就是一个印刷史上新的里程碑。

据《中华印刷通史》记载，毕昇是在宋代庆历年间（1041—1048 年）发明了泥活字；又据北宋沈括记载，毕昇是普通老百姓，他的活字是用胶泥制作，薄厚近似铜钱的厚度，每一个字为一个独立印字（活字），经过火烧后很坚固，实质上成为陶质活字。毕昇成功地创造了泥活字制作工艺,这是书籍制作工艺上的又一次重大革新,比德国古登堡用活字排印书籍要早 400 年(见图 4-2)。

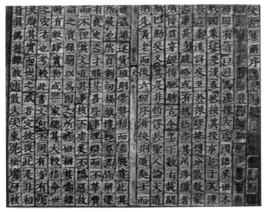

图 4-2 毕昇泥活字模型

　　在活字原理的启发下,被毕昇当年舍弃的木活字,到元朝初期由王祯试制成功。王祯,字伯善,山东东平人。他还创制了转轮排字盘。王祯用自己创制的木活字,排印了自己主持纂修的《大德旌德县志》(见图 4-3)。

图 4-3 王祯转轮排字图

　　到了明朝,许多地区使用木活字印书,到清朝,木活字已经在全国通行。且对后世启发很大,后人寻找新的更为理想的材料,还创造了铜活字、锡活字和铅活字,而金属活字的应用,标志着印刷技术又发展到一个新的水平。其中铜活字应用较广,现知最早的铜活字印书活动是在 15 世纪末,即明朝弘治年间(1488—1506 年)。印制规模最大的要算雍正四年(1726 年)内府用铜活字排印的《古今图书集成》,全书共一万卷,目录四十卷,分 6 编 32 典,6109 部。是我国著名的大型类书之一。

　　活字印刷传到西方后,受到热烈欢迎,因为它更适合拼音文字,活字最初是木活字,经过改进而成为铅活字,逐渐成为世界范围占统治地位的印刷方式。清朝晚期,随着西方铅活字排印技术的传入,中国书籍的印制工艺也走上了世界铅字排印的道路。以后又逐渐发展了印刷工艺,胶版印刷工艺也就出现了。

　　随着 20 世纪初中国书籍制作工艺引进西方科学技术至今,书籍制作工艺手段可谓无奇不有,似乎只有想不到的效果,而没有完不成的工艺之说。各种印刷手段悉数登场,如起凸、压凹、烫电化铝、烫漆片、UV 上光、覆膜、激光雕刻等工艺手段都各具特色,为不同书籍塑造着各具表现力的个性形象。

4.1.2 现代印刷工艺介绍

1. 平版印刷

　　平版印刷源于石版印刷,早在 1789 年,由巴伐利亚剧作家菲尔德发明,它应用了油水分离的原理,将石版或印版表面的油墨直接转印到纸张表面。之后改良为金属锌版或铝版为板材,但印刷原理不变。

　　平版印刷的印版,印刷部分和空白部分无明显高低之分,几乎处于同一平面上。印刷部分通过感光方式或转移方式使之具有亲油性,空白部分通过化学处理使之具有亲水性。在印刷时,利用油水相斥的原理,首先在版面上湿水,使空白部分吸附水分,再往版面滚上油墨,使印刷部分附着油墨,而空白部分因已吸附水,而不能再吸附油墨,然后使承印物与印版直接或间接接触,加以适当压力,油墨便移到承印物上成为印刷品。

　　(1)印刷制作过程

　　印刷制作过程一般为:给纸 ➝ 湿润 ➝ 供墨 ➝ 印刷 ➝ 收纸。

（2）平版印刷优势

平版印刷工艺简单，成本低廉，印刷成品色彩准确，可以做大批量印刷，因此，在近代成为使用最多的印刷工艺。平版印刷主要用于书籍、杂志、包装等印刷工艺中（见图4-4）。

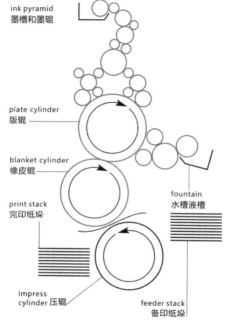

图 4-4 四色印刷机原理

2. 丝网印刷

丝网印刷是孔版印刷的一种。简称"丝印"，是油墨在强力作用下通过丝网漏印形成图像的印刷工艺。

（1）丝网印刷制作过程

以网框为支撑，以丝网为版基，根据印刷图像的要求，将丝网表面制作遮挡层，遮住的部分组织油墨通过，通过刮板施力将油墨从丝网版的孔中挤压到承印材料上。

（2）丝网印刷的特点

丝网印刷适应范围广泛。既可在平面上印刷，也可再曲面、球面及凹凸面的承印物上进行印刷；既可在硬物上印刷，还可以在软材料上印刷。丝网印刷墨层厚实，立体感强，质感丰富，耐光性强，色泽鲜艳，油墨调配方法简便，印刷幅面较大。

丝网印刷设备简单，操作方便，印刷、制版简易且成本低，适应性强。

3. 凸版印刷

凸版印刷的原理比较简单。

凸版印刷的印版，其印刷部分高于空白部分，而且所有印刷部分均在同一平面上。印刷时，在印刷部分敷以油墨。因空白部分低于印刷部分，所以不能粘附油墨，然后使纸张等承印物与印版接触，并加以一定压力，使印版上印刷部分的油墨转印到纸张上而得到印刷成品。

凸版印刷上的图文都是反像，图文部分与空白部分不在一个平面。印刷时，经过墨辊滚印版表面，油墨经过凸起的部分均匀地沾上墨层，承印物通过印版时，经过加压，印版附着的油墨被印到承印物表面，从而获得了印迹清晰的正像图文印品。凸版印刷适合小幅面的印刷品。

印刷成品的表面有明显的不平整度，这是凸版印刷品的特征。凸版印刷的方式主要有木刻雕版印刷、铅活字版印刷和感光树脂版印刷。现代工艺化的凸版印刷以感光树脂版印刷为主。

凸版印刷的优点是油墨浓厚，色彩鲜艳，油墨表现力强；缺点是铅字不佳时影响字迹的清晰度，同时不适合大开本的印刷。

4. 凹版印刷

凹版印刷简称"凹印"，是一种直接的印刷工艺。凹版印刷的印版，印刷部分低于空白部分，而凹陷程度又随图像的层次有深浅不同，图像层次越暗，其深度越深，空白部分则在同一平面上。印刷时，全版面涂布油墨后，用刮墨机械刮去平面上（即空白部分）的油墨，使油墨只保留在版面低凹的印刷部分上，再在版面上放置吸墨力强的承印物，施以较大压力，使版面上印刷部分的油墨转移到承印物上，获得印刷品。

因版面上印刷部分凹陷的深浅不同，所以印刷部分的油墨量就不等，印刷成品上的油墨膜层厚度也不一致，油墨多的部分显得颜色较浓，油墨少的部分颜色就淡，因而可使图像显得有浓淡不等的色调层次。主要应用于书籍、产品目录等精细出版物，而且也应用于装饰材料等特殊领域，如木纹装饰、皮革材料等。

凹版印刷作为印刷工艺的一种，以其印制品墨层厚实，颜色鲜艳，饱和度高，印制的重复使用率高，印品质量稳定，印刷速度快等优点广泛应用于图文出版领域。但印前制版技术复杂，周期长，成本高。

图 4-5 展示的是以上四种印刷工艺的印刷原理。

5. 数码印刷

数码印刷是在打印技术的基础上发展起来的一种综合技术。它以电子文本为载体，通过网络传递给数码印刷设备，实现直接印刷。数码印刷是把电脑文件直接印刷在纸张上，有别于传统印刷烦琐的工艺过程的一种全新印刷方式。数码印刷具有一张起印、无须制版、立等可取、即时纠错、按需印刷等特点，具有简单、快捷、灵活等众多优势。

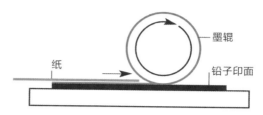

凸版印刷：先以墨辊（ink roller）将印墨（以红色表示）涂布到印版的突起表面，再将纸张压覆于着墨的字模或图案上，转印到纸面。

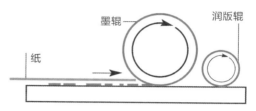

平版印刷：润版辊（damp roller）滚过印版，印墨只附着于印版上的干燥区域而不会沾上潮湿区域。再将纸张压覆于印版上，转印到纸面。

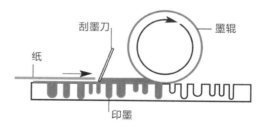

凹版印刷： 印墨滚过印版，以刮墨刀（doctor blade）刮过表面，留下积蓄在细小凹槽内的印墨，当纸张压覆于印版上，便将凹槽内的印墨吸起，转印在纸面上。

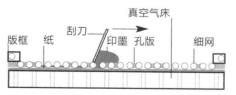

孔版印刷：将印墨刮过结合纤维细网的孔版，印墨挤穿印版上的镂空空隙，移印到纸上。

图 4-5 常见印刷工艺

4.2
书籍印刷流程

书籍印刷的基本流程是：印前——印刷——印后加工。

4.2.1 印前

印前流程：文字编排——版面设计——封面设计；打样——出片。

文字编排：文字录入——初校——修改——二校——修改——送作者终校。

版面设计：初排——初审（统一文字标题格式体例）——修改——二审——修改——终审。

封面设计：美术设计——确定装帧方式——初审——修改——终审。

上述三项完成后，由责任人（通常是总编辑）签字定稿。定稿之后打样出片。出片之后由责任编辑核对后，送印刷厂。

4.2.2 印刷

印刷流程：记录——拼版——晒版——切纸——印刷——大检。

记录：对来稿编号登记，进而开出生产工艺单（包含拼版工艺、印刷工艺、装订工艺、印数、开纸尺寸、成品尺寸、付印时间等）。

拼版：按工艺单拼版（装订方式不同拼版不同）——折手检查——待晒。

晒版：按工艺单要求晒版（图文色彩不同晒版时间需增减）——修版——待印。

切纸：按工艺单要求裁切大纸——按版面核对纸张数量——待印。

印刷：按工艺单要求印刷——印出第一张纸按折手折样——色彩格式严格追样（特殊情况作者看样）——保证质量数量（规矩准确、正被套印准确、水墨平衡）。

大检：检验质量、规矩、数量——记录最终合格成品的实际数量保证装订加放。

4.2.3 印后加工

印后加工流程：记录——大页初检——折页——（骑马订）——（索线订）——（无线胶订）——（索线胶订）——精装；封面工艺——覆膜——（UV）——（烫金）——（起凸）——成品检验——包装贴签——入库。

3 4.3 书籍印刷特殊工艺介绍

特殊印刷工艺是在印刷加工过程中为了追求特殊的效果而衍生出来的技巧和手法。在现代书籍印刷中，特殊工艺主要应用于印后，一般包括上光工艺、覆膜工艺、烫印工艺、凹凸压印工艺、模切压痕工艺等工艺技术。印后工艺的使用会对书籍的整体效果起到画龙点睛的作用。

4.3.1 模切

为了在设计作品中表现丰富的结构层次和趣味性的视觉体验，设计师往往利用模切工艺对印刷品进项后期加工，通过模切刀切割出所需要的不规则的任意图形，使设计品更有创意（见图4-6～图4-14）。

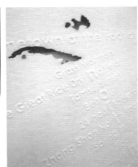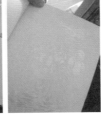

图 4-7 模切工艺

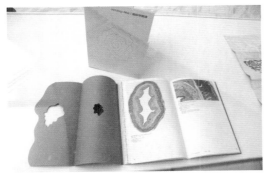

图 4-6 模切工艺

图 4-8 儿童书籍

图 4-10 模切工艺

图 4-11 模切工艺

图 4-9 《爱·疯》 设计：孔祥文 指导：曹方

图 4-12 模切工艺

图 4-13 模切工艺 赵清设计作品

图 4-14 模切工艺

4.3.2 切口装饰

　　切口装饰是一种特殊的书籍切口装帧技术，它利用书籍书口的厚度作为印刷平面进行印制。最早人们通过镀金镀银的方法在书口进行装饰，以保护书籍的页边。而现在主要利用切口装饰来增添书籍设计的装饰效果（见图 4-15 ）。

图 4-15 切口设计 刘晓翔设计作品

4.3.3 打孔

　　打孔是利用机器在纸面上冲压出一排微小的孔洞，这样纸面一部分可以通过手撕方法与其他部分进行分离，因而这样的方法又称"撕米线"（图 4-16 ）。

图 4-16 两本图画书 设计：迪特尔·罗斯

4.3.4 凹凸压印

　　凹凸压印是印刷品表面装饰加工中一种特殊的加工技术。它使用凹凸模具，在一定的压力作用下，使平面印刷物上形成立体三维的凸起或者凹陷效果，这种加工工艺即是凹凸压印。

　　印刷时不使用油墨，而是直接利用印刷机的压力进行压印，操作方法与凸版印刷相同，但压力更大。如果质量要求高或纸张比较厚，硬度比较大，也可以采用热压，即在印刷机的金属版上接通电源，再施压。凹凸压印要求凹凸面积不宜过大或过小（见图 4-17 ）。

图 4-17 《私想者》封面凹凸 +UV 上光工艺

4.3.5 烫印

　　烫印习惯上又叫"烫金""烫银"或者"过电化铝"，是以金属箔或颜料箔，通过热压转印到印刷品或其他物品表面上，以增加装饰效果的印刷工艺。在精装书封壳的护封或封面及书脊部分烫上色箔等材料的文字和图案，或用热压方法压印上各种凹凸的书名或花纹可加强精装书的装饰效果。烫印箔的品种很多，有亮金、亮银、亚金、亚银、刷纹、铬箔、颜料箔等，色彩丰富，装饰效果好（见图 4-18、图 4-19）。

图 4-19 烫金工艺 杉浦康平设计作品

4.3.6 植绒（见图 4–20）

图 4-20 植绒工艺

图 4-18 烫银工艺

4.3.7 毛边

纸张边缘会在造纸的过程中产生粗糙的毛边，一般来说机器造纸会有两个毛边，而手工造纸会有四个毛边，纸张毛边的发生是造纸的正常现象。毛边往往在后期加工中被裁掉，但是设计师可以有意识地利用这种毛边效果进行设计创作，能够带给设计品耳目一新的感觉（见图4-21）。

图 4-21 《弥生》 设计：周勤 指导：毛德宝

4.3.8 覆膜

塑料薄膜涂上黏合剂后，与以纸为承印物的印制品，经橡皮滚筒和加热滚筒加压后黏合在一起，形成纸塑合一的产品的工艺叫覆膜。

4.3.9 UV 上光

上光油是在印刷品的表面涂布一层无色透明涂料，通过紫外光干燥、固化油墨的后加工工艺，可以使印刷品表面形成一层光亮的保护膜以增加印刷品的耐磨性，还可以防止印刷品受到污染。同时上光油工艺能够提高印刷品表面的光泽度和色彩的纯度，提升整个印刷品的视觉效果，是设计师较为常用的一种后期加工工艺。目前 UV 油墨已经涵盖胶印、丝网、喷墨、移印等领域（见图4-22、图4-23）。

图 4-22 UV 上光工艺

图 4-23 UV 上光工艺

其他特殊工艺制作的书籍设计如下（见图4-24~ 图4-27 ）。

图 4-26 特殊印刷工艺

图 4-24 特殊工艺（布面印刷）

图 4-25 特殊工艺（纸上刺绣、织物刺绣）

图 4-27 特殊印刷工艺

附录 书籍设计中的专业术语

装帧：要形成一本书，除了内容外，还要有书的各个组成部分与材料，并施以一定的工艺手段，因此，书籍是材料与工艺的综合体，也就是我们常说的书籍装帧。

封面：即书皮，它是一本书的外衣，印有书名、作者名、出版者名等。

封里：也称封二，即封面的里面。

封底里：也称封三，即封底的里面。

封底：也称封四，简装书常印有书号和定价。

书脊：是书的脊部，连接书的封面和封底，印有书名、作者名、出版者名，便于在书架上查找。

护封：包在封面外面的，与封面内容相同的一张封面，起保护封面的作用。

勒口：平装书的封面和封底或精装书的护封切口处多留 30 毫米以上的空白，纸张向里折，可防止封面角外卷。

扉页：又称内封、副封面，是在封面或衬页后面的一页。它再现封面上的文字，一般会比封面更详尽。有的书籍扉页上还设计了与书籍内容相符的图形、色彩。

序（前言）：由作者或他人附记在正文前面的文章，用来说明写作意图或对书内容的评价。

目录页：一般置于前言页后面（如果没有前言，就在扉页后面），为便于读者检阅正文，把书中的标题按部、篇、章、节有序地排列，并注明页码。

辑封：即篇章页，也有人把它与内封一起叫做扉页。辑封只能用在单码页上，每篇或每章内容之前，常为了与书籍整体协调而进行色彩、图案装饰。

订口：指装订处到版心之间的空白部分。

切口：也称为书口，是书籍三面切光的地方，分"上切口"（书顶）、"下切口"（书根）、"外切口"（裁口）三种。

环衬：一般为精装书封二和扉页之间、封三和正文最后页之间的两页，是一张对折连页纸，一面粘在封面背上，一面紧粘书心的订口，在前的称前环衬，在后的称后环衬。

版权页：它是每本书出版的历史性记录，包括书名、著译者、出版单位、印刷单位、发行单位、开本、印张、插页、字数、版次、印次、累计印数和书号、定价、出版日期等。版权页一般在书末环衬前，有些简装书就把它印在扉页背面。

书套：也称书匣，常用于珍藏版书籍，为的是更好地保护精装书籍及便于读者收藏。

版式：指书籍正文的编排格式，包括正文和标题的字号、字体、插图、版心大小、编排形式等。

版面：即书籍一页的幅面，包括版心、白边、页码、书眉及正文等内容。版式设计是通过每一个版面来体现的。

版心：指每个页面上的文字和图表等所有视觉元素。版心在版面上所占面积的大小，直接影响版式的美观与否。

白边：是版心离切口和订口的空白。

页码：表示页数的数字，是书中各个版面的顺序标记，奇数称"单页码"，偶数称"双页码"。

书眉、中缝：印在版心以外的书名、篇名、章节名，为了便于读者翻阅。在书页上端横排的叫"书眉"，直排印在切口处的叫"中缝"。

尾花：在书刊的版面上，有时文章结束后的版心留有空白，就采取和文章有关联的装饰图案进行补白，这种方式较多采用在诗歌、散文或杂志上。

思考题：

1．请在课堂上分组探讨一下书籍设计与阅读之间的关系。

2．请对市面上的书籍的印刷工艺的呈现进行市场调查并进行分析，撰写一份市场调查报告（1000字以上）。

3．对书籍主题进行概念的创想时，如何正确把握内容实质的呈现？

参考文献

[1] 肖柏琳，魏鸿飞，邹永新 . 书籍装帧设计 [M]. 长春：东北师范大学出版社 .2013,03.

[2] 李致忠 . 简明中国古代书籍史 [M]. 北京：国家图书馆出版社 .2008,11.

[3] 杨永德，蒋洁 . 中国书籍装帧 4000 年艺术史 [M]. 北京：中国青年出版社 2013.12.

[4] 吕敬人 . 书籍设计基础 [M]. 北京：高等教育出版社 .2012,03.

[5] 吕敬人 . 书艺问道 [M]. 北京：中国青年出版社 .2006,10.

[6]Graphic 社编辑部，何金凤译 . 装订道场：28 位设计师的《我是猫》[M]. 上海：上海人民美术出版社 .2014,01.

[7]Krystyna Wasserman Etc.《The book As Art》[M].New York: Princeton Architectural Press.2007.

[8]Lark.《500 HANDMADE BOOKS》[M].New York:A Division of Sterling Publishing Co.Inc.

[9] 乔瑟夫•坎伯拉斯 . 手工装帧基础技法 & 实作教学 [M]. 新北：枫书坊文化出版社 .2014.

[10] 别内尔特，关木子 . 书籍设计 [M]. 沈阳 . 辽宁科学技术出版社 .2012.

[11] 安德鲁•哈斯兰，陈建铭 . 书设计 [M]. 台北：原点出版社 .2014.

[12] 钟芳玲 . 书天堂 [M]. 北京：中央编译出版社 .2012,05.

文章：

1 . 图书缀订的方式与步骤 . 杨时荣（台湾）

2 . 编辑设计——创造书籍的阅读之美 . 吕敬人 2011.2

3 . 从 "编辑 + 设计" 到 "编辑 X 设计" . 杨林青 2014.4 来源：齐鲁网

4 . 一本好书，悦目悦读 .2014.5. 来源：浙江日报